生态学实验教程

主　编：张忠华　胡　刚
副主编：徐超昊　钟朝芳　胡　聪　闫　妍

科学出版社

北　京

内 容 简 介

本实验教程共包括生态学实验基础、基础性实验、研究性实验三部分，共 44 个实验。第一部分为生态学实验基础，主要介绍生态学实验开展的基础知识、生态学实验的数据处理及分析方法、常用的实验技术和方法、实验报告和研究论文的撰写等内容；第二部分为基础性实验，涵盖了个体、种群、群落、生态系统生态学和应用生态学相关的实验内容；第三部分为研究性实验，目的是进一步培养学生的科研创新能力。实验内容既有验证性实验，也有需要学生自主设计的探索性实验。

本书可供高等院校生物科学、生态学、环境科学、农学和林学等专业的学生使用，也可供相关学科研究人员参考。

图书在版编目（CIP）数据

生态学实验教程 / 张忠华，胡刚主编. —北京：科学出版社，2024.4
ISBN 978-7-03-078336-3

Ⅰ.①生… Ⅱ.①张… ②胡… Ⅲ.①生态学-实验-高等学校-教材
Ⅳ.①Q14-33

中国国家版本馆 CIP 数据核字（2024）第 064781 号

责任编辑：郭勇斌　彭婧煜　张　熹 / 责任校对：任云峰
责任印制：徐晓晨 / 封面设计：义和文创

科 学 出 版 社 出版
北京东黄城根北街 16 号
邮政编码：100717
http://www.sciencep.com
北京建宏印刷有限公司印刷
科学出版社发行　各地新华书店经销
*
2024 年 4 月第 一 版　开本：720×1000　1/16
2024 年 4 月第一次印刷　印张：13 1/4
字数：260 000
定价：68.00 元
（如有印装质量问题，我社负责调换）

前　　言

　　生态学是研究宏观生命系统的结构、功能及动态的科学，它为人类认识、保护和利用自然，维持可持续生物圈提供理论基础和解决方案，也是生态文明建设的重要科学基础。生态学的研究范畴涵盖分子、基因、个体直至地球生物圈等不同尺度，但其核心内容是个体、种群、群落、生态系统和景观五个组织层次。随着环境、资源、人口等重大社会问题日益突出，生态学受到了世界范围的高度关注和重视，已成为国内外高校相关专业的必修课程。生态学实验作为生态学理论课程的重要补充，它对巩固学生的生态学基本知识、培养学生的实验操作能力有着至关重要的作用。现代生态学人才培养不仅要求掌握过硬的专业理论知识，还要求具备良好的实验技能、科研能力和创新能力。然而，由于多方面的原因，生态学专业人才培养常出现偏重理论教学而轻视实验教学的问题。因此，加强生态学实验教学与实验教材建设，对于提高生态学学科的教育水平具有重要意义。

　　目前，根据生态学课程的理论体系国内外已编写不少生态学实验教材。但不同区域高校在生态学实验教学的发展程度上存在较大差异，各高校所处的地域环境、实验条件、教学背景、专业对象、专业定位与特色各不相同，其实验内容体系设置和侧重点、教学方法和手段也应各有特色。因此，为了更好地适应当前生态学专业人才实验技能和科研能力的培养，结合各高等院校生态学实验教学的现状和发展水平以及当地的动植物资源和环境特点，编写相配套的生态学实验教材尤为必要。

　　本教材充分体现了生态学的学科特点，满足生态学创新型人才培养的需要，将实验内容分为三大部分。第一部分为生态学实验基础，主要介绍生态学实验开展所需掌握的基础知识、常用的实验技术和方法、生态学实验的数据处理及分析方法、实验报告和研究论文的撰写等 8 项教学内容，该内容主要强调对生态学基础理论与基础实验技能的理解和训练。第二部分为基础性实验，该部分内容参照和顺应了国内大部分生态学理论课程的教学体系，涵盖了个体生态学、种群生态学、群落生态学、生态系统生态学和应用生态学五大部分的实验内容，共安排了34 个实验。第三部分为研究性实验，共安排了 10 个实验，目的是进一步培养学生的科研创新能力。

　　编者根据多年来的生态学教学实践和科研经验，精心组织编写本实验教材。

本书在实验内容上，除保留了经典的生态学实验外，还结合当前生态学研究的热点内容设置了研究性实验，体现了实验内容的新颖性和学术性，从而培养学生的创新意识并提升学生的科研素养，因此本书实验内容充分体现了配套性、层次性、系统性和研究性。本书的使用有助于学生巩固并加深对生态学基础知识和基本理论的理解，培养学生的观察能力、实践能力和科研能力。

本书的编写与出版得到了广西自然科学基金杰出青年科学基金项目（2021GXNSFFA196005）、南宁师范大学教材建设基金、广西地理学一流学科建设经费以及学位与研究生教育改革课题经费的资助，同时得到科学出版社的大力支持。此外，本书在写作过程中参阅、使用和引证了较多文献资料，谨对其作者、编者和出版社表示诚挚的谢意！

限于作者水平，书中难免存在不足之处，敬请同行专家和读者提出宝贵意见与建议，以便我们今后修正和完善。

编　者

2022 年 12 月

目　录

前言

第一部分　生态学实验基础

第1章　生态因子的常规测定方法·······················3
  1.1　光照强度的测定·······························3
  1.2　温度因子的测定·······························3
  1.3　水分因子的测定·······························6
  1.4　土壤因子的测定·······························7
第2章　植物群落学野外调查与监测方法···············10
  2.1　野外调查前的准备····························10
  2.2　样地选择的原则······························11
  2.3　取样方法··································11
  2.4　样地每木调查方法····························15
  2.5　群落特征的描述和度量·························16
  2.6　植物群落的物种多样性分析·····················20
第3章　动物生态学野外调查与观测方法···············23
  3.1　动物生态学野外调查的准备工作···················23
  3.2　陆生动物类群的野外生态学调查方法················24
  3.3　水生动物类群的生态调查和观测方法················31
第4章　分子生物学方法在生态学中的应用··············35
  4.1　DNA 分子标记技术····························35
  4.2　同工酶电泳技术······························39
第5章　3S 技术在生态学中的应用··················41
  5.1　遥感技术··································41
  5.2　地理信息系统技术····························41
  5.3　全球定位系统技术····························42
  5.4　3S 技术在生态学研究中的应用····················42

第 6 章　生态学数据处理与软件介绍 ·· 46

　　6.1　生态学实验数据处理的统计学基础 ···································· 46

　　6.2　生态学数据处理相关软件的介绍与使用 ···························· 56

第 7 章　实验报告的撰写 ··· 65

　　7.1　实验报告的特点 ··· 65

　　7.2　实验报告的内容 ··· 66

第 8 章　研究论文的撰写 ··· 68

　　8.1　研究论文的结构 ··· 68

　　8.2　论文写作中要注意的问题 ··· 70

第二部分　基础性实验

第 9 章　个体生态学 ··· 73

　　实验 1　鱼类对温度、盐度和 pH 耐受性的观测 ························· 73

　　实验 2　光质对植物形态生长的影响 ·································· 76

　　实验 3　光周期对动物生长发育的影响 ································ 78

　　实验 4　环境温度对动物体温的影响 ·································· 80

　　实验 5　植物生长发育有效积温的测定 ································ 82

　　实验 6　环境因子对植物解剖结构的影响 ······························ 85

　　实验 7　模拟酸雨对植物生长的影响 ·································· 88

第 10 章　种群生态学 ·· 90

　　实验 8　植物种群空间分布格局的测定 ································ 90

　　实验 9　种群的年龄结构与性比 ······································ 93

　　实验 10　种群生命表的编制 ·· 95

　　实验 11　种群在有限环境中的逻辑斯谛增长 ··························· 99

　　实验 12　利用等位酶标记分析种群的遗传多样性 ······················ 102

　　实验 13　植物化感作用的实验验证 ···································· 107

　　实验 14　种内竞争的实验验证 ·· 109

　　实验 15　种群的生态位测定 ·· 111

　　实验 16　种群巢区面积的估算 ·· 114

第 11 章　群落生态学 ·· 121

　　实验 17　校园植物群落物种多样性的测定 ····························· 121

　　实验 18　校园鸟类多样性观察 ·· 124

　　实验 19　植物种间关联与分离的测定 ································· 126

　　实验 20　植物群落的生活型谱观测 ···································· 129

实验 21　林窗干扰对植物群落组成与结构的影响 ·······················131
实验 22　不同演替阶段植物群落结构的比较 ····························133
实验 23　植物群落的分类与排序 ··136

第 12 章　生态系统生态学 ··138
实验 24　池塘生态系统营养结构的观测 ································138
实验 25　食物链和生态金字塔的调查 ··································140
实验 26　水体初级生产力的测定 ··142
实验 27　林下凋落物和分解者调查 ······································144
实验 28　凋落物分解过程的测定 ··146
实验 29　生态瓶的设计与制作 ··149

第 13 章　应用生态学 ··151
实验 30　植物对重金属污染土壤的修复 ································151
实验 31　水生植物对污染水体的净化作用 ······························153
实验 32　利用蚕豆根尖微核技术检测水体污染 ··························156
实验 33　好氧堆肥法处理固体有机废弃物 ······························158
实验 34　生态农业模式的设计 ··161

第三部分　研究性实验

实验 35　重金属污染对植物叶绿素含量的影响 ··························167
实验 36　重金属污染对土壤微生物数量的影响 ··························170
实验 37　模拟氮沉降对植物幼苗生长的影响 ····························174
实验 38　外来入侵植物对不同生境适应的表型可塑性变化 ················177
实验 39　植物功能性状对生境变化的响应 ······························179
实验 40　不同植物叶片热值的测定 ······································181
实验 41　不同植被类型土壤呼吸的变化规律 ····························185
实验 42　植物光合作用和叶绿素荧光参数的日动态变化 ··················187
实验 43　植物对逆境的生理生态响应 ····································190
实验 44　运用 DNA 条形码技术进行物种鉴定 ··························196

参考文献 ··199

第一部分　生态学实验基础

第1章 生态因子的常规测定方法

生态环境是生物生长与生存的物质源泉和基础支撑。生态因子对生物的生长、发育、生殖、行为和分布有直接或间接的影响。因此,掌握生态因子的常规测定方法是生态学实验教学的基础和重要内容。生态因子主要包括气候因子、土壤因子、地形因子、生物因子和人为因子。本章将主要介绍光、温、水、土等相关生态因子的常规测定方法。

1.1 光照强度的测定

光照强度常使用照度计(图 1.1)来测定(不同的型号操作有所差异,故具体的操作方法请参考使用说明书)。测定时应该注意的是,应将光强传感器直接接触被测光(不应被遮蔽),并与光源方向呈 90°,待显示器读数稳定后即可读数。

图 1.1 照度计

1.2 温度因子的测定

1.2.1 气温的测定

气温的测定包括三项:空气温度、空气最高温度、空气最低温度。其测定工具分别为普通温度计(图 1.2)、最高温度计(图 1.3)和最低温度计(图 1.4)。

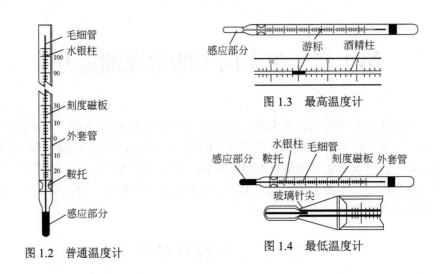

图 1.3　最高温度计

图 1.2　普通温度计

图 1.4　最低温度计

1.2.2　水温的测定

　　水温对水体的理化性质有直接影响，同时与生物（尤其是水生生物）的生长发育密切相关。水体的温度测定一般采用水温计或深水温度计 2 种类型（图 1.5）。

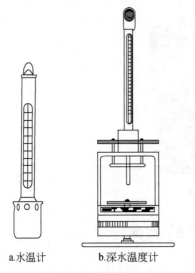

a.水温计　　b.深水温度计

图 1.5　水温测定仪

　　图 1.5a 为水温计，适于测量表层水温度。水银温度计安装在特制金属套管内，套管上有可供温度计读数的窗孔，上端有一提环，以供系住绳索，套管下端旋紧着一只有孔的盛水金属圆筒，水温计的球部应位于金属圆筒中央。测量范围一般为 -6～40 ℃，分度值为 0.2 ℃。测定水温度时将水温计投入水中至待测深度，感温 5 min 后，迅速提出水面并立即读数。从水温计离开水面至读数完毕应不超过 20 s，读数完毕后，将筒内水倒净。

　　图 1.5b 为深水温度计，适于水深 40 m 以内水温的测量。其结构与水温计相似。盛水圆筒较大，并有上、下活门，利用其放入水中和提升时的自动开启和关闭，使筒内装满所测的水样。测量范围为 -2～40 ℃，分度值为 0.2 ℃。

1.2.3　土壤温度的测定

土壤温度，也叫地温，是指地面以下土壤中的温度。地温计一般分为地面温度计、直管地温计、曲管地温计、直管地温表四种类型（图1.6～图 1.8）。地温计采用水银玻璃温度计作为表芯，具有感温快、灵敏度高的特点。测量地温时通常测量 0 cm、5 cm、10 cm、15 cm、20 cm、30 cm、50 cm 7 个深度。对于暴露面较小的土壤剖面，通常使用直管地温表来测定暴露面的温度。直管地温表的使用方法见图 1.9。在使用该温度计时应注意：温度计插入土壤的深度只要淹没温度敏感孔即可；直管地温表刚插入土壤时，温度计金属尖端表面与

图 1.6　直管地温计

土壤发生摩擦导致温度升高，所以温度计插入土壤后应等待 1～2 min 再读取温度。随着科技的发展，除了传统的方法，现在生态学研究中常用土壤温度测试仪来测定土壤温度，方便快捷，可同时测量多种参数，具体的操作方法请参考其使用说明书。

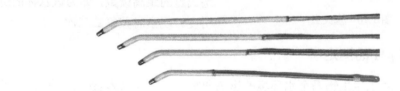

图 1.7　曲管地温计

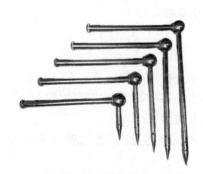

图 1.8　直管地温表

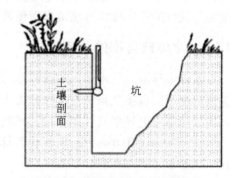

图 1.9　直管地温表使用示意图

1.3　水分因子的测定

1.3.1　水体中光照强度的测定

水体中的光照强度可用水下照度计测定。将水下照度计安装在有水深标记的拉绳上，根据拉绳上不同水深深度分别测定其光照强度。

1.3.2　水体透明度的测定

透明度是指水样的澄清程度，洁净的水是透明的。水中悬浮物和胶体颗粒物

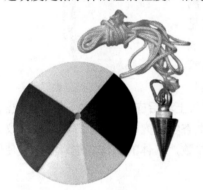

越多，透明度就越低。水体的透明度常用塞氏盘（图 1.10）来测定。塞氏盘为直径 200 mm 的白铁片盘，板的一面用十字从中心平均分为 4 个部分，颜色黑白相间，正中心开小孔，穿一铅丝，下面加一铅锤。将塞氏盘垂直沉入水中，直到最后不能看清塞氏盘上的颜色分区为止，读出水面至塞氏盘的距离读数，即为该水体的透明度。观察时重复二三次。

图 1.10　塞氏盘

1.3.3　水体 pH 的测定

水体 pH 对水生生物乃至水环境的影响非常大，它与水体温度、光照因子等有密切的关系。在实验或生态学研究中，现在常用便携式 pH 计（图 1.11）直接测定（具体的测定操作方法请参考便携式 pH 计说明书）。

1.3.4　水体电导率的测定

水体电导率表示水体电流传导能力，它与水中各种离子的性质、浓度、水体温度等因素有直接关系，在某种程度上可以作为水中各种离子总浓度的依据。水体电导率常用电导率仪（图 1.12）来测定，测定方法如下：

① 配制 0.010 0 mol/L 的氯化钾标准溶液，该标准溶液在 25 ℃的电导率为 141.3 mS/m。

② 用氯化钾标准溶液冲洗电导池 3 次，并用氯化钾标准溶液注满电导池，放入 25 ℃恒温水浴 15 min，测定该溶液电阻 R_0，该操作应重复数次，使电阻稳定

在误差 2%范围内，求得电导池常数 $Q=141.3R_0$。

　　③ 用要测定的水样冲洗电导池几次，按步骤②的操作方法测得水样的电阻 R_χ，得到水样的电导率 $K=Q/R_\chi$。测定时注意最好使用和水样电导率相近的氯化钾标准溶液测定电导池常数；如果使用已知电导池常数的电导池，无须测定电导池常数，可调节好仪器直接测定，但要经常用氯化钾标准溶液校准仪器。

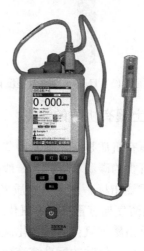

图 1.11　便携式 pH 计　　　　　　　图 1.12　便携式电导率仪

1.4　土壤因子的测定

1.4.1　土壤水分的测定

　　土壤水分是土壤的重要组成部分，它不仅是植物生长需水的主要供给源，而且也是土壤内各种生物活动和养分转化过程的必要条件。土壤水分常采用烘干法或土壤水分测定仪进行测定。采用烘干法时，先称量土壤的湿重，然后将取得的土壤样品置于 100 ℃左右的烘箱中烘至恒重，蒸发损失的水分质量即为含水量。用土壤水分测定仪（如 TMS-4 土壤温湿度记录仪）（图 1.13）进行测定时，其操作方法参考其仪器使用说明书。

1.4.2　土壤 pH 的测定

　　土壤 pH 常用原位 pH 计（图 1.14）来测定。方法是称取 5 g 土壤样品，加水 50 mL，即可直接用 pH 计测定 pH。注意应多次测量，直至所测值的误差小于 0.02。每次测完后用蒸馏水冲洗 pH 计电极，并用滤纸将水吸干。

图 1.13   TMS-4 土壤温湿度记录仪   图 1.14   原位 pH 计

1.4.3   土壤有机质的测定

土壤有机质是土壤中各种营养元素特别是氮、磷的重要来源，也是土壤微生物必不可少的碳源和能源。一般来说，土壤有机质含量的多少，是土壤肥力高低的一个重要指标。土壤有机质采用重铬酸钾容量法-外加热法测定，利用 170～180 ℃油浴使加有重铬酸钾氧化剂和浓硫酸的土壤溶液沸腾 5 min，土壤有机质中的碳被重铬酸钾氧化为二氧化碳，而重铬酸钾中六价铬被还原成三价铬。剩余的重铬酸钾用二价铁的标准溶液滴定，根据有机碳被氧化前后重铬酸钾消耗硫酸亚铁的量，计算出有机碳的含量，进而换算出土壤有机质含量。测定方法如下：

① 在分析天平上准确称取过 100 目筛子（0.149 mm）的土壤样品 0.5 g（精确到 0.000 1 g），分别装入 6～8 支干燥的硬质试管中，用移液管准确加入 0.800 0 mol/L 重铬酸钾标准溶液 5 mL，再缓慢加入浓硫酸 5 mL，充分摇匀，管口加一小漏斗。

② 预先将液体石蜡或植物油浴锅加热至 185～190 ℃，将试管放入铁丝笼，然后将铁丝笼放入油浴锅中加热，放入后温度应控制在 170～180 ℃，待试管中液体沸腾产生气泡时开始计时，煮沸 5 min，取出试管，稍冷，擦净试管外部油液。

③ 冷却后，将试管内容物倾入 250 mL 三角瓶中，使瓶内总体积在 60～70 mL，保持混合液中硫酸浓度为 2～3 mol/L，然后加入 2-羧基代二苯胺指示剂 12～15 滴，此时溶液呈棕红色。用标准的 0.2 mol/L 硫酸亚铁滴定，滴定过程中不断摇动三角瓶，溶液由棕红色经紫色变为暗绿色即为终点。记录硫酸亚铁滴定量（V_1）。同一批样品测定的同时，进行 1～2 个空白实验，即取 0.5 g 粉状二氧化硅代替土样，其他步骤与试样测定相同。记录硫酸亚铁滴定量（V_0），取其平均值。然后计算出有机碳的含量：

土壤有机碳含量（g/kg）=（$c \times V/V_0$）×（$V_0 - V_1$）×3.0×1.1×0.001/（$m \times k$）×1000

其中 c 为 $1/6$ $K_2Cr_2O_7$ 标准溶液的浓度,此处取 $0.800\ 0$ mol/L;V 为 $1/6$ $K_2Cr_2O_7$ 标准溶液的体积,此处取 5mL;m 为风干土样质量(g);k 为将风干土换算成烘干土的系数。进而换算出土壤有机质含量:

土壤有机质含量(g/kg)=土壤有机碳含量(g/kg)×1.724

第 2 章　植物群落学野外调查与监测方法

野外调查是群落生态学研究的基本方法。群落是在相同时间聚集在同一地段上各物种种群的集合，是一个比种群更复杂更高一级的生命组织层次。植物群落的调查一般包括：组成群落的植物物种数目，种的多度、密度、盖度、频度、优势度、生活型群落的垂直结构和水平结构等。本章主要介绍植物群落学野外调查与监测的基础知识。

2.1　野外调查前的准备

野外环境复杂多变，且往往生活、工作不方便，因此出野外前一定要做好准备。准备工作大致可分为自身安全和生活的准备、背景资料准备、野外调查设备的准备和野外记录表格的准备等内容。

2.1.1　自身安全和生活的准备

野外采样，首先要安排好衣食住行，如当地没有食宿设施，就要带好充足的水、食物、睡袋、御寒（防暑）的衣物或用品、一些野外常用药品（跌打损伤、腹泻、感冒、消炎类药及防蛇、防虫的药物）、绷带、绑腿及手电筒等。总之，保护好自身的安全和健康是第一位的。

2.1.2　背景资料准备

① 调查研究前必须明确研究目的、要求、对象、范围、深度、工作时间、参加人数等，所采用的方法及预期所获得的成果。

② 对调查研究地和对象要尽可能地收集到具有参考价值的资料，甚至是一些不完全的资料，如县志、地方生物名录等。

③ 相关资料的收集，如气象资料、地质资料、土壤资料、地貌水文资料、林业资料等。

2.1.3　野外调查设备的准备

照度计、温度计、湿度计、海拔高度计、坡度计等环境因子测量用仪器；罗盘、全球定位系统（GPS）定位仪、大比例尺地形图等定位工具；望远镜、照相机、记录本、笔、样方记录表格纸等记录工具；测绳、钢围尺、皮尺、样方绳、样方框、标本夹、标签、枝剪、高枝剪、铲子、小刀、土钻、自封袋、环刀等采样工具。

2.1.4　调查记录表格的准备

根据研究目的和采样方式来编制野外调查记录表格，一般包括时间、地点、调查人、环境各因素的记录及观测生物因素记录，此外，还包括群落情况记录，如群落高度、总盖度、分层情况、生活型等。

2.2　样地选择的原则

① 样地面积的大小必须包括群落片段内绝大部分物种,可反映这个群落片段种类组成的主要特征。

② 样地的植被应尽可能是均匀一致的,在样地内不应看到结构明显的分界线或分层的变化。

③ 群落片段内应具有一致的种类组成,如果是森林,样地内不应有大的林窗,不应该出现一个种在样地内一边占优势,另一个种在样地另一边占优势的情况,也就是说样地应是同质的。

④ 样地的生境条件应尽可能一致。

2.3　取 样 方 法

2.3.1　样地面积的确定（最小取样面积）

最小取样面积就是在最小地段内，对一个特定群落类型能提供足够的环境空间（环境生物的特性），或者能保证展现出该群落类型的种类组成和结构的真实特征所需要的面积，即能够包含组成植物群落的大多数种类所需要的最小空间。样地（样方）大小的确定，应考虑植被种类组成、群落的类型、分布等，一般样地的总面积应至少大于群落最小取样面积。如果取样面积太大，会花费大量的财力、人力与时间；如果取样面积太小，则不能完全反映组成群落的物种情况。植物群落调查的最小取样面积通常由种-面积曲线（SAC）或重要值-面积曲线（IVAC）来确定。

最小取样面积通常采用巢式样方法来确定（图 1.15），具体做法为：在群落中选择具有代表性的地方，设立一块较小面积的样方［草本、灌木和森林群落分别采用 1 m×1 m、2 m×2 m 和 5 m×5 m（或稍大于 5 m×5 m）］，记录这一面积中所有的植物种类；然后，按照一定顺序成倍扩大边长以增大调查面积，每扩大一次，就记录新增加的种类。开始植物物种数随面积的扩大而迅速增加；但继续扩大面积，新增加的物种逐渐减少；最后，面积再扩大，植物种类却增加很少。以样方面积为横坐标，植物种类数量为纵坐标，按照面积和植物种类数量的关系，可绘出种-面积曲线（图 1.16）。曲线开始陡峭上升，之后趋于平缓，最终趋于一条水平的渐近线，曲线变化开始趋缓的一点所对应的面积即为群落取样的最小面

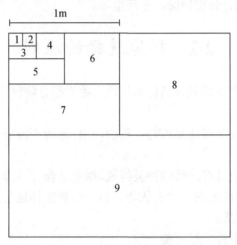

图 1.15　巢式取样示意图

注：图中数字表示取样顺序。

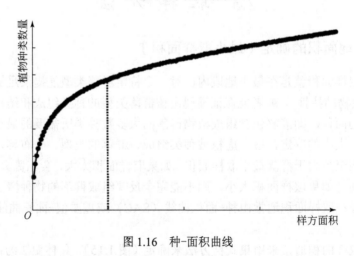

图 1.16　种-面积曲线

积，也可以将群落中 85 %的种出现的面积作为群落取样的最小面积。通常，组成群落的种类越丰富，其最小面积越大。如我国云南西双版纳的热带雨林最小面积为 2 500～4 000 m², 南亚热带常绿阔叶林为 1 200 m², 中亚热带常绿阔叶林为 400～600 m², 常绿针叶林为 100～250 m², 北方针叶林为 400 m², 落叶阔叶林为 100 m², 草原灌丛为 25～100 m², 草原为 1～4 m²。

2.3.2　样方法

样方法是多种生物研究野外取样时常用的基本方法。样方通常为正方形样地，是取样面积中最常用的形式，也是植被调查中使用最普遍的一种取样形式。此外，根据实际调查需要，也可采用长方形样地、带状样地、圆形样地等。理论上来说，圆形样地是理想的样地形状，因为圆形样地的周长与面积比最小，因而受边际影响的误差最小，但实际操作困难，森林和灌丛调查很难采用。长方形样地受到的边际影响大于正方形样地，但研究表明长方形样地可以比面积相同的正方形样地包含群落中更多的变异，因此能更好地进行植被组成的分析。

2.3.3　样带法

为研究一个环境梯度植被的变化或者不同生境中的植被的差异，或在估计一个研究地区植被组成种的总体盖度和密度时，通常使用样带法。以长方形作为样地面积，而且每个样地面积固定，宽度固定，几个样地按照一定的走向连接起来，就形成了样带。样带的宽度在不同群落中是不同的，在草原地区 10～20 cm，灌木林 1～5 m，森林 10～30 m。如果调查区沿环境梯度方向变异程度较大时，样带设置要使长边方向与环境梯度的方向平行，这样能更好地反映环境梯度变化对群落特征的影响。

2.3.4　样线法

在所要调查的群落中将一条绳索拉紧，绳索的两端用插签固定，调查在绳索一边或两边的植物种类数量和个体数。样线法获得的数据在计算群落特征时，有其特有的计算方法。它往往根据被样线所截的植物个体数目、面积等进行估算。

2.3.5　无样地取样法

无样地取样（plotless sampling）主要用于森林群落的研究，一般用于测定树种的密度，但在样树选定之后，也可得到优势度、频度、重要值等数据。无样地取样主要是测两株树之间的平均距离，由距离可以得到每棵树所占的平均面积，再换算出密度值。与样方取样相比，无样地取样的最大优点是操作简便，尤其在地形复杂、环境多变的地区，可以大大提高工作效率。但是，无样地取样主要适用于随机分布的个体，否则会影响调查的精度，如个体呈集群分布或丛状分布时，该方法会低估个体数量，而均匀分布则会高估个体数量。无样地取样法主要包括最近个体法、最近邻法、随机对法、点四分法。

① 最近个体法（closest individual method）：测定距每一随机点最近的一株树木，以及与样点之间的距离。

② 最近邻法（nearest neighbor method）：先确定离样点最近的一株树木，然后再确定与该株树木距离最近的随机出现的另一株树木，并测量两株树木之间的距离。

③ 随机对法（random pairs method）：在每一样点上划分界线，使该分界线与最近个体和随机样点间的连线垂直。测定最近个体与位于分界线另一侧最近一株树木之间的距离。

④ 点四分法（point-centered quarter method）：测定每个随机样点距四个象限中最近一株树木，以及它们与样点之间的距离。点四分法被认为是较理想的方法，在每个样点可测得 4 个距离，这样总的取样点数可以减少，比较省时。

例如，在一片森林地上设若干定距垂直线（借助地质罗盘仪用测绳拉好）。在此垂直线上定距（比如 15 m 或 30 m）设点。各点再设短平行线形成四个象限。在各象限范围测 1 株距离中心点最近的，胸径大于 11.5 cm 的乔木，要记下此树的植物学名，量其胸径，用皮尺测量此树到中心点的距离。同时在此象限内再测 1 株距中心点最近的幼树（胸径 2.5～11.5 cm），同样量胸径和圆周，量此幼树到中心点的距离。有时不测幼树，每个中心点都要作 4 个象限，在中心点（或其附近）选作 1 个 1 m^2 或 4 m^2 的小样方，记录小样方内灌木、草本及幼苗的种名、数量及高度。

在我国亚热带常绿阔叶林及其次生林中采用这个方法，20 个中心点的数据可以与 2 个 500 m^2 样方的精确度相当。该方法也可用于草地群落，只是相关的距离要根据实际情况进行调整。

2.3.6　样方数量

理论上讲，样方的数量"越多越好"，但样方太多，费时费工；样方太少，可能代表性较差，会导致错误的研究结果，一般需要客观的标准来确定取样的数目。样方数量与调查的对象、群落结构的复杂程度和样方面积大小等有关。进行群落结构组成调查时，若最小取样面积已知，样方数量应至少大于最小取样面积与样方单位面积的比值。当最小取样面积未知时，可根据类比的方法确定样方数量，或按照调查区总面积的 0.5%～5% 作为最小取样面积，然后根据样方单位面积计算出样方数量。以内蒙古草原的研究为例，对于种类组成和地上部分生物量等数量指标的调查，6 个 0.5 m² （0.5m×1m） 的样方或 4～5 个 1m² （1 m×1m） 的样方 （图 1.17） 均可获得满意的结果。若将一个样方作为一个调查单位进行统计分析时，如：种数分布格局的调查，根据统计检验理论，多于 30 个样方，才构成大样本，调查数据才比较可靠。为了节省人力与时间，根据调查群落实际情况，在总样方面积不变的情况下，可缩小样方单位面积以增加样方数量，满足统计学原理的要求。以东北林区林木空间格局调查为例，不同样方面积对应的合理样方数量分别为：42 个 （10 m×10 m）， 23 个 （15 m×15 m）， 12 个 （20 m×20 m）， 9 个 （25 m×25 m）， 4 个 （30 m×30 m）； 当考虑调查时间和成本时，空间结构调查较适合的样方调查面积为 30 m×30 m，样方数量为 4 个。

图 1.17　1 m×1 m 的样方框

调查野生植物资源时，要在同一植物群落中，不同高度不同坡向选择典型地段设置若干个样方，灌丛 50 m²，草本 5 m²。样线法调查时，样线长度一般不短于 50 m，样线数目不少于 5～10 条 （样线宽 1 m），要在不同高度不同坡向设立样线。

2.4　样地每木调查方法

每木调查是将样地内的全部树木 (从一定的起测径阶开始)，逐一测量各树种的胸径和树高等测树学因子。

每木调查的步骤如下：

① 确定起测径阶：一般以林分平均直径 0.4 倍的值作为起测径阶。一般调查时，天然成熟林起测径阶为 5 cm，中龄林 4 cm，人工幼林 1 cm 或 2 cm。

② 每木调查：5 人一组，1 人测胸径，2 人测坐标，1 人测树高，1 人记录并作记号。测胸径时，必须分别对树种、胸径、林层等进行记录。在坡地应沿等高线方向进行，在平地沿 S 形方向量测。

每木调查应注意的事项：

① 必须测定距地面 1.3 m 处直径，在坡地测量坡上 1.3 m 处直径。

② 测树钢围尺或轮尺（卡尺）必须与树干垂直且与树干三面紧贴，测定胸径并记录后，再取下钢围尺或轮尺。

③ 遇干形不规整的树木，应垂直测定两个方向的直径，取其平均值。在 1.3 m 以下分叉者应视为两株树，分别检尺。

④ 测定位于样地边界上的树木时，本着北要南不要、取东舍西的原则。

⑤ 凡测过的树木，应用粉笔在树上向前进的方向做出记号，以免重测或漏测。

⑥ 在固定样地调查时，通常记实际胸径，每木检尺要区分树种、健康木、病腐木或生长级分别记录，每株树应编号，并在其距地面 1.3 m 处进行标记（如使用红色油漆进行标记），测定精度 0.10 cm。

按照克拉夫特林木分级法，可将林木分为 Ⅰ～Ⅴ级。其中，Ⅰ级（优势木）：树高、直径最大、冠幅生长很大，伸出一般林冠之上；Ⅱ级（亚优势木）：树高略次于 Ⅰ 级木，树冠发育均匀、大小略次于 Ⅰ 级木；Ⅲ级（中等木）：生长中等，树高和直径居于 Ⅰ、Ⅱ 级之下，树冠较窄，位于林冠中层，树干圆满度好于 Ⅰ、Ⅱ 级木；Ⅳ级（被压木）：高径生长落后，树冠受压挤，通常为小径木；Ⅴ级（濒死木）：生长极落后，完全处林冠之下，树枝稀疏或枯萎。应用克拉夫特林木分级法对林分进行分级，主林冠层主要是由 Ⅰ、Ⅱ、Ⅲ 级木组成的，Ⅳ、Ⅴ 级木组成从属林冠层。随着林分的发育，林分分化和自然稀疏的过程主要淘汰的是 Ⅳ、Ⅴ 级木，而主林冠层的林木数量也逐渐减少。一些原来属于高生长级的林木逐渐下落到低生长级。

2.5　群落特征的描述和度量

2.5.1　树高的测量

树高指一棵树从平地到树梢的自然高度（弯曲的树干不能沿曲线测量）。通常在做样方的时候，先用简易的测高仪（例如魏氏测高仪）或伸缩式测高杆实测群落中一定数目的标准木，其他各树则估测。估测时均与此标准相比较。

目测树高的两种简易的方法，可任选一种。其一为积累法，即树下站一人，举手为 2 m，然后 2、4、6、8，往上积累至树梢；其二为分割法，即测者站在距树远处，把树分割成 1/2、1/4、1/8、1/16，例如分割至 1/16 处为 1.5 m，则 1.5 m×16=24 m，即为此树高度。

2.5.2　坐标的测量

以样地或样方一角为坐标原点，某一方向（如东西）为 x 轴、某一方向（如南北）为 y 轴，然后用皮尺测量植物个体的坐标位置（以距离坐标轴的距离表示）。

2.5.3　胸径的测量

胸径指树木的胸高直径（DBH），大约为距地面 1.3 m 处的树干直径。严格的测量要用特别的轮尺（即大卡尺），在树干上交叉测两个数，取其平均值，因为树干有圆有扁，对于扁形的树干尤其要测两个数。在植物群落学调查中，一般采用钢围尺测量即可，如果碰到扁树干，测后估一个平均数就可以了，但必须要株株实地测量，不能仅在远处望一望，任意估计一个数值。

如果碰到一株从根边萌发的大树，一个基干有 3 个萌干，则必须测量三个胸径，在记录时用括弧画在一个植株上。

胸径 2.5 cm 以下的小乔木，一般在乔木层调查中都不必测量，应在灌木层中调查。

2.5.4　冠幅（冠径和丛径）的测量

冠幅（crown width）指树冠的幅度，专用于乔木调查时树木的测量，严格测量时要用皮尺，先通过树干在树下量树冠投影的长度，然后再通过树干在树下量树冠投影的宽度。例如长度为 4 m，宽度为 2 m，则记录下此株树的冠幅为 4 m×2 m。

然而在植物群落学调查中多用目测估计，估测时必须在树冠下来回走动，用手臂或脚步帮忙测量。特别是那些树冠垂直的树，更要小心估测。

冠径和丛径均用于灌木层和草本层的调查，因为调查的样方面积不大，所以进行起来不会太困难。测量冠径和丛径的目的在于了解群落中各种灌木和草本植物的固化面积。冠径指植冠的直径，用于不成丛的单株散生的植物种类，测量时以植物种为单位，选测一个平均大小（即中等大小）的植冠直径，如同测胸径一样，记一个数字即可，然后再选一株植冠最大的植株测量直径，记下数字。丛径指植物成丛生长的植冠直径，在矮小灌木和草本植物中各种丛生的情况较常见，故可以丛为单位，测量共同种中各丛的一般丛径和最大丛径。

2.5.5　郁闭度的测定

测定郁闭度的常用方法有如下三种：

① 样线法：样地的两对角线上树冠覆盖的总长度与两对角线的总长之比，作为郁闭度（crown density）的估测值。

② 样点法：在样地内机械设置 100 个样点，在各点上确定是否被树冠覆盖，总计被覆盖的点数，并计算其频率，将此频率作为郁闭度的近似值。

③ 树冠投影法：用树冠投影面积与样地面积之比作为郁闭度。树冠投影面积需在方格纸上绘制样地树冠投影图，并从图上求出树冠投影面积。

2.5.6　多度与密度的测定

多度（abundance）是指群落内每种植物的个体数量。植物的个体数量越多，多度越大。多度是样方内每种植物的实测株数，它可以是单株个体的数目，也可以是根状植物的地上枝条数或丛生植物的丛数等。计数时一般以植物的根部是否位于样方内为标准。多度指标调查的优点是快捷，不受样地大小限制，宜用于一般性植被的目测，但是该方法主观性很强，对于同一调查对象，不同的调查者由于经验不同所估计的多度等级可能相差较大。目测估计法一般在植物个体数量大而体形小的群落如灌木、草本群落或在踏查中采用。野外调查时，通常采用预先确定的数量等级对植物群落的多度进行估测，从而估计出单位面积上植物个体的相对数量，为方便起见，记录时均使用代码。

密度（density）是指单位面积上个体的数目，通常表示为株（丛）/hm²。乔木、灌木和草本一般以植株或株丛计数，根茎植物以地上枝条计数。在对各种植物的密度进行对比分析时，还需要将密度细分为绝对密度和相对密度。绝对密度是指单位面积或单位空间内种群大小的绝对数量；而相对密度是指单位面积或单位空间内种群大小的相对数量，用百分比或小数表示。种群密度部分地决定着种群的能流、种群内部生理压力的大小、种群的散布、种群的生产力及资源的可利用性，是一项非常重要的数量指标。密度和相对密度的公式分别为

密度（株/hm²）=样地中一个种（所有种）株数×10000/样地面积（m²）

相对密度（%）=一个种的密度/所有种的总密度×100%

2.5.7　频度的测定

频度（frequency）是指群落中某种植物出现的样方的频率，以某种植物在全部调查样方中出现的百分率来表示，其公式为

频度（%）=某植物出现的样方数/全部样方数×100%

频度是表示某种植物在群落中分布是否均匀的一项指标，是种群结构分析特征之一。植物种在群落中的频度与密度、样方大小和分布格局等均有一定关系。频度大的种，其密度不见得一定大，反之亦然。因此，在测定频度时必须注意样方大小，一般应取较小和较多的样方，结果才比较真实可靠。例如，在研究森林群落时，如果群落调查的样方为 10 m×10 m，则调查频度的小样方应在 5 m×5 m 之内。

2.5.8　盖度与高度的测定

盖度（coverage）是群落结构的一个重要指标，它不仅反映了植物所占有的水平空间的大小，还反映了植物之间的相互关系。盖度又可分为投影盖度和基盖度两种。投影盖度（C_c，简称盖度）是指植物地上部分垂直投影面积占样地面积的百分比。基盖度（C_b）是植物基部的覆盖面积，多用于乔木种群，以胸高断面积与样地面积的比来表示。对于草原群落，常以离地面 1 英寸（2.54 cm）高度的断面积计算；而对森林群落，则以树木胸高（1.3 m 处）断面积计算。投影盖度又可分为种盖度（分盖度）、层盖度（种组盖度）和总盖度（群落盖度）。投影盖度和基盖度的公式分别为

$$C_c（\%）=C_i/S×100\%$$
$$C_b（\%）=S_b/S×100\%$$

其中，C_i 为样地内某种植物冠层投影面积之和（m^2）；S 为样地水平面积（m^2）；S_b 为样地内某种植物（胸高）断面积之和（m^2）。

森林群落中的总盖度常用郁闭度代替投影盖度，作为森林疏密度的标志，而草本和灌木则用投影盖度来表示。在精确表示中，有时用叶面积指数（LAI）表示植物叶片的总表面面积。测定草本群落的投影盖度，通常利用 1 m^2 的样方框，内用绳线分成 100 个 1 dm^2 的小格。测量时将样方框放置在选定的草地上，计数植物枝叶所占格数，直接算出个体、种、层或全部植物的盖度。

投影盖度常用目测估计法来确定，通常采用布朗-布朗凯（Braun-Blanquet）盖度等级表示，如：盖度<5%，为 1 级；25%>盖度≥5%，为 2 级；50%>盖度≥25%，为 3 级；75%>盖度≥50%，为 4 级；100%≥盖度≥75%，为 5 级。

高度（height）是指植物在自然状态下，其最高部分距地面的距离，以 m 表示。高度通常分为最大高度、优势高度和平均高度。高度测量可采用仪器测量，也可以估测。植物的植株高度因种的生活型及其生长环境差异而不同。种群高度应以该种植物成熟个体的平均高度表示，其公式为 $H=\sum H_i/N$，其中，$\sum H_i$ 为样地某种成熟植物的高度之和，N 为该调查植物成熟个体的株数。

2.5.9　重要值的计算

重要值（importance value，IV）是评价某一种植物在群落中地位和作用的综合性数量指标。该指标是美国学者柯蒂斯（Curtis）和麦金托什（McIntosh）于1951年在研究森林群落时首先使用的，计算公式为重要值（IV）=相对密度（RD）+相对频度（RF）+相对优势度（RP）。计算相对密度、相对频度、相对优势度的公式如下：

第 i 种植物的相对密度（%）=第 i 种植物的密度/所有植物的密度和×100%

第 i 种植物的相对频度（%）=第 i 种植物的频度/所有植物的频度和×100%

第 i 种植物的相对优势度(%)=第 i 种植物的优势度/所有植物的优势度和×100%

其中乔木层植物种的优势度用林木基盖度（即胸高断面积与样地面积的比）表示，灌木层植物种的优势度用其植物冠层投影盖度表示，草本层植物种的优势度用其高度表示。由于群落中任何植物单项相对数量值都不会超过100%，所以，群落中任何一个种的重要值都不会超过300%。因此，有人也将上述重要值计算结果再除以3或300。重要值的大小能反映出种优势度的大小，重要值越大的种，作用越大，其地位越重要，因此该项指标现已广泛用于森林和草原群落的调查中。

2.5.10　生物量与体积的测定

生物量是指单位空间中植物地上部分（或地下部分）的干重或鲜重，以 kg 或 g 表示。生物量是最能反映物种在群落中功能作用的一个数量指标，因为一个种的资源利用能力、竞争能力和优势程度等最终都表现在它对群落有机物质的占有上。草地生态研究中，生物量指标应用较多，通常采用直接收割称量的方法测得。

体积是植物个体所占有的空间容积。森林调查研究中，体积通常用林木的单株材积来表示，森林的总体积用森林蓄积量来表示。林木材积的测定比较困难，一般根据一元立木材积表进行估算。一元立木材积表是通过对不同树种进行大量树干解析，进而建立其胸径与材积的相关模型而编制的。

2.6　植物群落的物种多样性分析

物种多样性是群落内生物组成结构的重要指标。该项指标在一定程度上能反映群落的类型和特征，可用来比较两个群落中物种的复杂度和丰富程度。它通常包含两种含义：

①种的数目或丰富度，即一个群落或生境中物种数目的多寡；

②种的均匀度，即一个群落或生境中全部物种个体数目的分配状况，它反映的是各物种个体数目分配的均匀程度。

物种多样性可从 3 个尺度上测度，即α、β和γ多样性。α多样性主要反映群落中物种丰富度和个体在各物种中分布均匀程度的指标；β多样性是用来描述群落内环境异质性变化或随群落间环境变化而导致的物种丰富度和均匀程度变化的指标；γ多样性是在更大的生态学尺度上，如景观尺度水平上，测量物种多样性变化或差异的指标。这里主要讨论α多样性。

2.6.1　物种丰富度指数

物种丰富度即物种的数目。物种丰富度指某一群落或生境中物种数目的多寡，是最简单最传统的物种多样性的测度方法，直到目前仍有许多植物生态学家使用。如果研究地区或样地面积在时间和空间上是确定的或可控制的，则物种丰富度会提供很有用的信息，否则物种丰富度几乎是没有意义的，因为物种丰富度与样方大小有关。为了解决这个问题，一般采用两种方式。第一，用单位面积的物种数目即物种密度来测度物种丰富程度，这种方法多用于陆地植物多样性研究，一般用每平方米的物种数目表示；第二，用一定数量的个体或生物量中的物种数目，即数量物种丰富度这种方法，多用于水域物种多样性研究。

2.6.2　辛普森多样性指数

辛普森（Simpson）多样性指数是基于概率论原理提出的，并广泛用于植物群落的研究。该指数假设，对于无限大的群落随机取样，样本中两个不同种个体相遇的概率可认为是一种多样性的测度。计算公式为

$$D = 1 - \sum_{i=1}^{S} \left(P_i \right)^2$$

式中，D 为辛普森多样性指数；P_i 为第 i 个物种的多度占所有物种多度之和的比例，$P_i = N_i/N$；N_i 为第 i 个物种的个体数目；N 为所有物种的总个体数目；S 为总物种数目。

2.6.3　香农-维纳（Shannon-Wiener）多样性指数

香农-维纳多样性指数是 Shannon 和 Wiener 提出的信息不确定性的测度公式。在群落中随机抽取一个个体，它属于哪个种是不确定的，而且这种不确定性随物种种数的增多而增大。因此，可以将种的这种不确定性作为多样性的测度，计算公式为

$$H = -\sum_{i=1}^{S} \left(P_i \ln P_i \right)$$

式中，H 为香农-维纳多样性指数；P_i 为第 i 个物种的多度占所有物种多度之和的比例；S 为总物种数目。

2.6.4 均匀度指数

均匀度指数（evenness index）用于测度个体在各物种间的分布均匀性。均匀度指数越大，则分布越均匀。均匀度指数类型很多，常见的类型计算为

$$J = H/\ln S$$

式中，J 为均匀度指数；H 为香农-维纳多样性指数；S 为总物种数目。

第3章　动物生态学野外调查与观测方法

野外调查是也是动物生态学研究的基本方法之一。动物生态学的调查一般分陆生动物类群的野外调查和水生动物类群的生态调查，主要调查动物的种类、数量、生物量等。本章主要介绍动物生态学野外调查与观测的常规方法。

3.1　动物生态学野外调查的准备工作

3.1.1　调查目的的确定

调查目的取决于调查的对象以及调查内容。通常野外的调查对象多为昆虫、鸟类、鱼类和哺乳类动物，有时也包括土壤动物。调查内容可涉及个体生态学、种群生态学或群落生态学。例如，可调查动物种群的数量、年龄和性别，编制动物种群生命表，分析动物群落生物多样性以及研究动物行为生态等。

3.1.2　调查地点的选择

不同种类动物的生境各不相同，因此调查地点也需要根据不同的调查对象和内容来进行选择，必须具有代表性和普遍意义，能反映出研究对象真实的自然状况。例如，鸟类的调查可选择树林、灌丛等生境，若是侧重于湿地水鸟的调查则需选择湿地生境。

调查地点的选择还需考虑交通是否便利，要保证最基本的工作条件。一般人类活动越少的地区，干扰越小，野生动物也越多，这样调查出来的结果越能准确地反映该地区野生动物的真实状况，但在这样的地区，一般交通、工作条件都会相对较差，给调查工作带来困难，因此选择调查地点时需在真实性和便利性这两个因素间权衡。

3.1.3　调查工具的准备

野外调查首先需要一份调查地区的地图；其次需要根据调查内容设计制作数据记录的表格，例如样线记录表、鸟体测量基本数据记录表、土壤记录表等。通常这些表格可参考国家相关部门制定的技术导则里的通用表格。此外还需准备野外工作手册、物种鉴别图鉴等工具书。

根据调查对象和内容的不同，需要准备不同的工具，一般常用的野外定位、测量、观测工具包括 GPS、罗盘仪、皮尺、直尺、游标卡尺、测距仪、测高仪、温度计、湿度计、望远镜、照相机等。野外工作通信设备也必不可少。常用的采集工具有搜捕网、诱捕器、采泥器、采集筒、土壤抽样器、池网、样方绳、采集铲、记号笔、塑料袋和布袋等。此外，还需要脱脂棉、乙醇溶液、甲醛溶液等材料和药品。

3.1.4　注意事项

对动物的调查时间应该与动物活动的最高峰时间一致，例如对于鸟类来说，调查时间应尽量安排在清晨，这时动物活动频繁，易于观察。野外调查时除对动物的种类和数量进行调查外，还需要对其生境进行调查，看动物所处生境的类型，以及动物与生境之间的关系如何。

对生境的调查一般包括以下几个因子：

① 地形地貌：山地或平原、坡向、坡度、坡位、海拔、土壤类型等。
② 气候因子：天气的晴阴状况、温度、风速、风向、降水等。
③ 植被因子：植被型、林木密度、盖度、喜食植物的种类、主要食物的可利用量等。
④ 其他因子：人类或动物干扰的程度、离隐蔽地的距离等。

3.2　陆生动物类群的野外生态学调查方法

3.2.1　陆生动物类群的种类与种群数量调查方法概述

1. 总体记数法

该方法适用于生活在开阔地带或狭小地区，栖息范围有限的大、中型兽类。一些群居性动物在繁殖季节常集群生活，更容易集中记数，记数时直接统计其全部数量即可。总体计数时，时间要相对集中，防止动物迁移造成的漏计或重计。

2. 样方记数法

如果调查的范围很大，无法对全部动物个体进行直接记数，需采用抽样的方法记数。将调查区域划分为若干个样方，然后随机抽取或规则抽取部分样方，调查动物的数量，根据多个样方算出平均数，以推断整个区域的动物种群数量。样方的数量及形状可根据研究的实际情况而定。根据研究对象的不同，样方的大小、数量均有不同要求。由于大型兽类领域较大，活动能力强，一般不采用样方法进行计数。鸟类的样方一般设置为 100 m×100 m 或 50 m×50 m；昆虫的样方设置为 1 m×1 m；小型无脊椎动物的样方设置为 5 m×5 m。

3. 样地哄赶法

对于一些隐秘在草丛或灌丛中的兽类，采用哄赶的方法可统计动物的绝对数量。此法适用于地势平坦或坡度不大的山地。样地的选择需要有代表性，常根据调查区域的天然分界（如林间小路、防火带、山口等）确定哄赶区。大型兽类哄赶区样地面积应在 50 hm² 以上，小型兽类样地面积为 10 hm² 左右，参与哄赶的人员在 30 人左右，分成 4 组，从样方的 4 个角的位置，按预定时间，沿顺时针方向行走，将样地包围起来，每人间距 100 m 左右，记录所遇见的动物种类及数量，并记录动物逃逸方向。完成包围后，缩小包围圈，记录所遇见的动物种类和数量，以逃逸出包围圈的动物总数量除以样地面积，即为动物的绝对密度。

4. 样带法

该法因很少受生境条件的限制，可节省人力物力，是测定大中型兽类、鸟类、两栖类、爬行类动物种群数量的最常用的方法。采用该法时，按预定路线行走，观察遇见的动物数量，记录动物出现位置与行走路线的垂直距离。以行走路线两侧动物位置的平均垂直距离作为样带的宽度。调查结束后，将动物数量除以样带宽度与长度的积，得出单位面积上种群数量，再乘以研究区域总面积，即可获得整个研究区域动物种群数量，其方程为

$$P = \frac{AZ}{XY}$$

式中，P 为种群数量；A 为研究区域总面积；X 为样带的长度；Y 为样带的宽度；Z 为出现的动物数。

此外，还有一种简化的样带法，调查者只需记录所遇到的动物数量，然后除以调查的样带长度，从而得到相对密度或相对丰富度。

5. 标记重捕法

该法适用于小型兽类、鸟类和昆虫类，是一种广泛应用的方法；但是在标记过程中，对昆虫的捕捉可能导致致命性的影响。

在被调查种群的生存环境中，捕获一部分个体，将这些个体进行标记后再放回原来的环境，经过一段时间后进行重捕，根据重捕中标记个体占总捕获数的比

例来估计该种群的数量。标记重捕法是种群数量、密度的常用调查方法之一，适用于活动能力强、活动范围较大的动物种群。标记重捕法根据自由活动的生物在一定区域内被调查与自然个体数的比例关系对自然个体总数进行数学推断。理论计算公式为

$$N=M\times n/m$$

式中，N 为种群数量；M 为被捕捉对象数量；n 为重捕个体数量；m 为重捕个体中被标记个体的数量。

标记重捕法的前提或假设为调查期间种群数量稳定，标记个体均匀分布在全部个体之中，标记操作不会对动物的行为和生命产生影响。

标记重捕法操作流程如下：

① 完全随机选择一定空间进行捕捉，并且对被捕捉对象全部进行标记，标记个数为 M。

② 在估计被标记个体与自然个体完全混合发生的时间之后，回到步骤①捕捉的空间，用同样的方法捕捉。捕捉数量为 n。

③ 统计被捕捉个体中被标记的个体，记为 m。

④ 按照理论公式进行计算。

⑤ 多次实验求平均值。

标记重捕法注意事项：选择的区域必须随机，不能有太多的主观选择；对生物的标记不能对其正常生命活动及其行为产生任何干扰；标记不会在短时间内损坏，也不会对此生物再次被捕捉产生任何影响；重捕的空间与方法必须同上次一样；标记个体与自然个体的混合所需要时间需要正确估计；对生物的标记不能对它的捕食者有吸引性。

6. 指数标定法

指数标定法是指利用一些与动物的实际数量有关的测定指标来估测动物的种群密度。例如，沿着一定的线路调查动物的巢穴、足迹、粪堆、鸣叫等相关指标的数量来推算该区域动物的种群密度。在运用指数标定法时，通常需要先建立观测指数与动物种群密度的回归方程，然后通过实际观测的相关指标数据，运用回归方程进行估算。

7. 去除取样法

在一个封闭的种群里，随着连续捕捉，种群数量逐渐减少，单位努力捕获量逐渐降低，同时，逐次捕获的累计数就逐渐增大。当单位努力捕获量为零时，捕获累计数是种群数量的估计值。

3.2.2　鸟类的识别与种群数量调查方法

1. 鸟类的识别方法

在野外识别鸟类，在未到达观察采集地点之前，要根据那里的环境特点，估计可能遇见的鸟类类群。例如，到山地林区可以看到啄木鸟、杜鹃和一些雀形目鸟类；在高山的不同垂直带分布有不同的鸟类；在一片树林的不同层次也可以看到不同的鸟类；到水区可以看到游禽、涉禽和一些在水边的大树或灌丛中生活的鸟类；在多岩石的山溪和平坦的水稻田，遇到的水鸟也有所不同。这样，根据生态类群所做的划分和选择，便缩小了观察的种数，有助于研究鸟类的分布规律，常可收到事半功倍的效果。

野外识别鸟类主要根据鸟的形态特点、羽毛颜色、活动姿态和鸣声等予以准确迅速地识别。识别鸟类需对鸟类分类有一定的基础知识，看到一只鸟，能根据形态特点知道它大致属于哪个类群，用图鉴查找核对就能有相对固定的范围。具体来说，形态特征包括体形大小、羽冠、嘴形、翼形、尾形、颜色和斑纹等。识别鸟类要迅速抓住容易观察的特征，活动姿态和鸣声属于行为特征，具体诸如觅食、摆尾、停栖、行走、飞行、鸣叫等行为，都是重要的识别特征。开始观鸟之前最好还要先熟悉鸟类身体各部位的名称和一些术语，有助于观鸟时记住鸟的各部位特征，与图鉴对比。

识别鸟类应具体留意以下各点：

① 鸟的大小和形状。

② 总体颜色，以及身体上部和下部颜色。

③ 显眼的标记或块斑，记下它们的颜色和大致部位。

④ 嘴、脚、翼、尾、颈的大小和形状；嘴、脚、爪、眼的颜色。

⑤ 飞行或其他动作的特点。

⑥ 独特的叫声和鸣唱。可以用文字谐音记录，或用录音机记录。

⑦ 注意与其他鸟类进行比较。

⑧ 日期、时间、地点、天气，在有些时候这些是帮助辨认鸟类的重要线索。

⑨ 生态环境及周围情况，许多鸟种只在特定的生态环境中活动。注意它们停留在灌丛或树木上的位置等。

⑩ 观察角度、观察距离、光线情况。光线不足或异常的观察角度有时会造成极大的错觉。

观察识别鸟类时，在现场与图鉴对比，能够查找出鸟的正确名称最好。如果没带图鉴，需要把观察获得的各种信息详细记录在笔记本上，最好画一张观察鸟的形态草图，记下鸟各个部位的颜色，以便今后依据图鉴查找辨认，或请教有关专家。在野外记录的线索越多，信息越详细，越有助于查找确定鸟的种类。

2. 鸟类多样性调查方法

常用的鸟类多样性调查方法有样线法、样点法、分区直数法、网捕法、领域标图法、红外相机自动拍摄法等。这里仅介绍最常用的样线法，具体方法如下：

① 样线选择：根据生境类型和地形设置样线，样线尽量为直线，各样线互不重叠，且间隔距离至少 1 km，每种生境类型一般至少 2 条样线，每条样线长度以 1~3 km 为宜，不应小于 1 km。

② 样线宽度：理想的样线宽度是选择在所有鸟都能被发现的范围内。在树林环境中一般是每侧 25 m，在开阔地是每侧 50 m。

③ 行走速度：调查时行走速度一般规定为 1.5~3 km/h。

④ 调查时间：应为晴天或者多云天气，一般在早晨日出后 3 h 内或者傍晚日落前 3 h 这两个鸟类活动高峰期内进行观察。

⑤ 数据记录：研究者沿固定线路行走，记录样线两侧一定距离内所听和所看到的鸟类种类、个体数、生境类型（水域、农田、树林或灌丛等，并判断人为干扰因子）等。行进中的观察者只有在记录时才能停下来。一般在调查中所记录的鸟类，尤其是在繁殖期，借助鸣叫所记录的大多数是雄鸟，要乘以"2"才能代表雄鸟加雌鸟的密度。

⑥ 重复次数：每一样线应至少调查 2 次，一般要求调查结果要达到记录研究地内所有鸟类的 75%~80%。

3.2.3　昆虫的种类调查与采集方法

昆虫的种群数量调查方法可采用总体记数法、样方记数法、样地哄赶法、标记重捕法和去除取样法等。具体请参考上述"陆生动物类群的种类与种群数量调查方法概述"。

昆虫的采集方法有：网捕法、扣管法、观察搜索法和诱捕法。

1. 网捕法

该法是采集昆虫标本最常见的方法之一。对于飞行迅速的昆虫，要迎头挥动捕虫网捕捉，使网袋下部连同虫子一并甩到网圈上来，以免昆虫逃脱。栖息在草丛或灌木丛中的昆虫要用扫网去捕捉。扫网的使用方法是边走边左右扫动，网口略向下倾斜。可根据需要用镊子将捕获的虫子一一取出，也可在网底部开口并套一塑料管，直接将虫子集中于管中。

　　马氏网常用于昆虫样本的捕捉与收集（图 1.18）。马氏网又被称为马来式网、马氏捕虫网、昆虫采集网等，其实是一种架设于野外的，类似于帐幕的采集工具；其底部，垂直面为黑色网，上部为白色网；当昆虫从地面下爬出，或地面飞行时，会被垂直面网截住，依据昆虫有向上爬行或趋光的特性，后收集于顶部的收集筒中（收集筒需加水或乙醇），如此只需定时更换收集筒就可以不断收集各类昆虫。马氏网适用于各种地形，收集瓶中装 75%乙醇或者水即可，其标本采集量大，取样周期长，人工量少。

图 1.18　在森林内进行马氏网安装

2. 扣管法

　　有些小型昆虫具快速游走和跳跃习性，可以直接用采集管扣捕，扣捕时左手拿采集管扣住昆虫，右手拿塞子塞住管口，或用拿塞子的右手将昆虫驱入采集管内堵住。

3. 观察搜索法

　　许多昆虫往往不易被发现，特别是具"拟态"现象的昆虫，与环境融为一体，难以辨认。此时只要振动周边环境，一般昆虫便会受惊起飞；具"假死性"的昆虫经振动便会坠地或吐丝下垂。根据不同昆虫的生境进行观察采集，如土蝽、蝼蛄、步甲及它们的幼虫常生活在土壤中；天牛、象甲、吉丁虫、小蠹虫等大多数甲虫及其幼虫钻蛀在植物茎秆中；卷叶蛾、螟蛾等生活在卷叶中；不少昆虫生活在枯枝、落叶、岩石缝隙中；只要我们仔细观察和搜索，便可从这些环境中采集多种昆虫。

4.诱捕法

利用昆虫对某些物理、化学因素的特殊趋性或生活习性进行诱捕。具有趋光性的昆虫（如蛾类、蝼蛄、蟋类、金龟子、叶蝉等）可用灯诱的方法在夜间进行诱捕（可用不同频率的诱光灯诱捕不同的昆虫）；具有趋化性的种类（如夜蛾类、金龟子、蝇类等）可用食物来诱捕。

因为昆虫种类不同，采集的季节也不尽相同。一般而言，每年的晚春到秋末，昆虫活动最为频繁，适宜采集。

每天的采集时段也要根据不同的昆虫种类而定。一般白天活动的昆虫多在 10 时至 15 时活动最盛，对于一些喜欢夜间活动的昆虫，采集时间就必须在黄昏后或黎明前，采集一般应在温暖晴朗的天气进行，此时收获较大。

采集的地点可根据采集目标昆虫的栖息环境去寻找。一般来说，植物丰富的地方也是昆虫种类较多的地方。

3.2.4　土壤动物的采集、分离与识别方法

土壤动物一般是指那些生命活动的全部过程或有一段时间在土壤中度过，对土壤有一定影响的动物。土壤动物是土壤生态系统中的重要组成部分，在生态系统的能量流动、物质循环以及土壤形成与热化过程中均起重要作用，是反映环境变化的敏感指示生物。

1.土壤动物的采集

① 样地选择。一般性调查的样地应尽量具备如下条件：坡度不大，石块较少；基本无人类活动干扰；不在生境边缘；避开蚁巢和白蚁冢。

② 取样深度，常分为 0～5 cm、5～10 cm、10～15 cm 3 个层次取样。尽可能考虑与自然土层相符，最好按自然剖面分层取样。

③ 采集，直接挖取面积为 1/4 m^2（50 cm×50 cm）的一定深度的土壤，当即手拣。也可用圆形不锈钢环刀压入土中，取出其内 5 cm 的土样，进行手拣。

2.土壤动物的实验室分离方法

① 手拣法。在解剖镜下采用解剖针拨开土壤，拣出动物，将其放入装有乙醇的试剂瓶，并做好标签。

② 干漏斗法，绝大多数土壤动物具有遇到干旱必然向湿地方移动的习性。干

漏斗装置是利用外加热源使土壤水分逐渐蒸发，使动物向下方移动，最终经筛网落入漏斗和标本瓶，该装置也称自动分离器。

③湿漏斗法，湿漏斗的结构大体与干漏斗相同，主要差别在于漏斗下方装有12～13 cm 的长胶管，其上有 2 个止水夹。在接通灯泡电源前，先接好橡胶管上端的止水夹，然后注满干净的自来水。一般用 40 W 灯泡照射 48 h，装好下端的止水夹，然后打开上端的止水夹，待动物沉淀下来，再夹好，最后打开下端止水夹，动物就会落入接收器皿中。

3. 土壤动物的镜检和种类鉴定

从野外采集的动物标本，经过分离后，需要进一步进行镜检和种类鉴定。通常是将标本倒入培养皿中，在解剖镜下逐一进行观察，按照土壤动物分类检索图进行分拣和种类识别。

3.3　水生动物类群的生态调查和观测方法

水生动物是指生活于水体中的动物类群。它们大多是在物种进化中未曾脱离水体生活的一级水生动物，但是也包括像鲸鱼和水生昆虫之类由陆生动物转化成的二级水生物。后者有的并不靠水中的溶解氧来呼吸。按照栖息场所不同，水生动物可分为海洋动物和淡水动物两类。水生动物是水生生态系统中食物链（网）的重要组成部分，对水体的物质循环、能量转化以及水体环境具有重要的影响。

3.3.1　鱼类种类和数量的调查方法

1. 鱼类样品的采集

鱼类样品可由研究者亲自去捕捞，也可利用渔场或渔民所提供的鱼类样品。

2. 鱼体的测量和称重

鱼体的长度以厘米（cm）或毫米（mm）为单位，最好使用量鱼板来测量。常用的长度指标有：

①体长，即鱼的吻端至尾鳍中央鳍条基部的直线长度；

②全长，即鱼的吻端至尾鳍末端的直线长度。对于尾鳍分叉的鱼类，在测量其全长时，可将尾鳍的两叶握紧，选其中较长的一叶来测量，或者把尾鳍摆成自然状态进行测量。

鱼体的质量以克（g）或毫克（mg）为单位。在称重过程中，所有样品应保持标准湿度，以免因失水而造成误差。

常用鱼的肥满度指标来比较同一种鱼在不同时期或不同水域的肥瘦情况。鱼的肥满度的公式为

$$K = W / L^3 \times 100\%$$

式中，K 为肥满度，%；L 为体长，cm；W 为体重，g。

3.3.2 浮游动物种类和数量的调查方法

浮游动物是一类经常在水中浮游，本身不能制造有机物的异养型无脊椎动物和脊索动物幼体的总称。浮游动物的种类极多，包括低等的原生动物、刺胞动物、栉水母动物、轮虫、甲壳动物、腹足动物等。其中，以种类繁多、数量极大、分布又广的桡足类动物最为突出。浮游动物在不同水域中的分布也较广，无论是在淡水，还是在海水的浅层和深层，都有典型的代表。浮游动物是中上层水域中鱼类和其他经济动物的重要饵料，对渔业的发展具有重要意义。由于很多种浮游动物的分布与气候有关，因此，它们也可作为暖流、寒流的指示动物。

1. 水样的采集

采集浮游动物定性和定量样品的工具有浮游生物采集网和有机玻璃采水器（容量为 2.5 L 和 5 L）。浮游生物采集网的孔径一般为 64 μm（25 号）和 86 μm（13 号）。

① 采样点设置。应根据水体的面积、浮游动物的生态分布特点、工作条件和要求等进行采样点设置。在水体的中心区、沿岸区、主要的进出水口附近必须设置有代表性的采样点。

② 采样频率和时间，根据研究目的的不同，可每月采样 1～4 次，或每季度 1 次，或春、夏各 1 次，或仅夏季 1 次。采样时间应尽量在每天的相近时间。

③ 采样层次。采样层次视水体深浅而定。若水深在 2 m 以内，可采表层（0.5 m）的水样；若水深 2～10 m，至少应取表层（0.5 m）和底层（离底 0.5 m）两处的混合水样。

④ 采水量，一般采水量为 1 000 mL。若采混合水样，则每层平均取样。

2. 水样的固定

采得的水样应立即加以固定，以杀死水样中的浮游动物和其他生物。固定剂一般采用碘液。定量水样一般为 1 L，固定剂用量一般为水样的 1%，即 1 L 水样加 10 mL 固定液，使水样呈棕黄色即可。需要长时间保存的样品，应再向水样中加入 5 mL 左右的甲醛溶液。

3. 水样的浓缩

将水体中的浮游动物浓缩到较小的体积中，一般采用沉淀法和过滤法。

① 沉淀法：把筒形分液漏斗固定在架子上，将水样倒入分液漏斗沉淀 24~48 h 后，去掉上层清液，把下层沉淀浓缩样品倒入试剂瓶中，定量为 30 mL 或 50 mL。

② 过滤法：甲壳动物一般个体较大，在水体中的丰度也较低，因此需要用浮游生物网过滤较多的水样才具有较好的代表性。

4. 计数

① 原生动物、轮虫的计数。计数时，沉淀样品要先充分摇匀。然后，用定量吸管吸取 0.1 mL 注入 0.1 mL 计数框（或血球计数板）中，在 10×20 的放大倍数下计数原生动物；或吸取 1 mL 注入 1 mL 计数框中，在 10×10 的放大倍数下计数轮虫。一般计数两次，取平均值。

② 甲壳动物的计数，取 10~50 L 水，用孔径为 64 μm（25 号）浮游生物网过滤，把过滤得到的生物放入标本瓶中，在计数时，根据样品中甲壳动物的量分若干次全部过数。

3.3.3 底栖动物种类、数量和生物量的观测方法

底栖动物是指生活史的全部或大部分时间生活于水体底部的水生动物类群。其栖息的形式多为固着于岩石等坚硬的基体上和埋没于泥沙等松软的基底中，或附着于植物或其他底栖动物的体表，或栖息在潮间带。多数种类个体较大，易于辨认。它们摄食悬浮物和沉积物居多，多数底栖动物长期生活在底泥中，具有区域性强，迁移能力弱等特点，对于环境污染及变化通常少有回避能力，其群落受到破坏后重建需要相对较长的时间。不同种类底栖动物对环境条件的适应性及对污染等不利因素的耐受力和敏感程度不同。根据上述特点，底栖动物的种群结构、优势种类、数量等参数可以确切反映水体的质量状况。底栖动物的现存量指单位体积或单位面积底泥中所存在的各类底栖动物的数量（密度）或质量（生物量），通常采用采泥器法测定。

1. 样点的设置

在水体中选择有代表性的点用采泥器采集作为小样本，将若干小样本连成的若干断面样本作为大样本，然后由样本推断总体。设置样点时，应考虑底栖动物的分布特点，使所采集的样本具有代表性。一般在水体的沿岸带、敞水带及不同的大型水生植物分布区均需设置样点和断面。

2. 样品的采集和处理

当采泥器在采样点采样后，底栖动物与底泥、腐屑等混为一体，须经过洗涤后才能进行检测。筛洗、澄清后，将获得的样品贴上标签带回实验室进行进一步的分拣。样品一般应放入冰箱（0 ℃）保存，或用乙醇浸泡保存。

3. 样品的鉴定

软体动物和水栖寡毛类的优势种应鉴定到种；摇蚊幼虫鉴定到属；水生昆虫鉴定到科。水栖寡毛类和摇蚊幼虫等应先制片，然后在解剖镜或显微镜下观察鉴定。

4. 计数和称重

把每个采样点所得的底栖动物按不同种类准确地统计个体数，再根据采样器的开口面积推算出 1 m^2 面积内的个数，包括每个物种的数量和总数量。

小型种类的称重，可将其从保存剂中取出，放在吸水纸上吸去标本上附着的水分，然后在感量为 0.1 g 或 0.01 g 的天平上称量；大型种类，用托盘天平或电子天平称量即可。将称量所得结果换算为 1 m^2 面积上的生物量（单位为 g/m^2）。

第 4 章　分子生物学方法在生态学中的应用

随着分子生物学技术的快速发展，其在生态学研究中的应用越来越广，引导生态学向微观领域迅速深入，并形成了一个令人瞩目的新领域——分子生态学。分子生态学运用分子生物学的技术手段和分子进化、群体遗传学、分子系统发生学等领域的理论与分析方法，研究物种分类、种群遗传多样性、种群遗传结构及其变异与分化，系统发生生物地理学，种间关系与协同进化，以及生态适应机制、动物行为、物种保护、遗传改良生物生态安全评价、污染评价等各种问题。本章简单介绍一些生态学研究中常用的分子生物学技术，分析它们的优缺点及在生态学上的应用。

4.1　DNA 分子标记技术

DNA 分子标记是指由于 DNA 分子发生缺失、插入、易位、倒位、重排或由于存在长短与排列不一的重复序列等机制而产生的多态性标记。DNA 分子作为遗传信息的载体，不受外界因素、生物个体发育阶段及器官组织差异的影响，而不同的物种所含有的 DNA 分子不同，因而能揭示物种的本质。近十几年，DNA 分子标记技术迅速发展，相继有数十种不同的分子标记技术问世。DNA 分子的化学稳定性比 RNA、蛋白质、同工酶等高。即使在生物体死亡之后，细胞中的 DNA 也不会像同工酶、蛋白质那样很快失去活性或分解，这样，就突破了蛋白质（包括同工酶）分析需要新鲜材料的限制。同时，随着 DNA 分析和操作技术的不断完善，目前已经可以对微量甚至单细胞中的痕量 DNA 分子进行分析和操作，分析的精确度也不断提高。

目前 DNA 分子标记技术大致可分为三类：第一类技术基础为电泳和分子杂交，如限制性片段长度多态性（restriction fragment length polymorphism，RFLP）和 DNA 指纹（DNA fingerprint）；第二类以电泳和 PCR 为技术核心，如随机扩增多态性 DNA（random amplified polymorphic DNA，RAPD）、简单重复序列（simple sequence repeat，SSR，又称微卫星）和扩增片段长度多态性（amplified fragment length polymorphism，AFLP）；第三类分子标记技术以 DNA 序列分析为核心，如线粒体 *COI* 基因、D-loop 区、核 ITS 基因序列分析等。当然，这种区分不是绝对的, 有些分子标记技术是介于第一、二类之间, 如微卫星 DNA(microsatellite DNA) 既可以作为探针进行分子杂交以测定 DNA 多态性（如 DNA 指纹）, 也可以作为引物进行 PCR 扩增以测定 DNA 多态性（如 SSR 技术）。有些分子标记技术是介于第二、三类之间, 如序列特征性扩增区（sequence characterized amplified regions, SCARs）是对特异 RAPD 条带进行克隆并测序, 并以此测出序列的末端 14 nt 加上原来 RAPD 所用的 10 nt 的随机引物合成出 24 nt 的寡聚核苷酸为引物, 然后用此引物进行 PCR 扩增, 以测定基因组 DNA 的多态性。这些分子标记技术各有其优缺点, 采用哪类分子标记应依据实验目的、实验材料、实验条件等来决定。而且, 众多分子标记技术中没有哪种技术是完美的, 仍需进一步探索可靠性高、重复性好而又简便易行的分子标记技术。

4.1.1　RFLP 与 DNA 指纹

RFLP 称为 DNA 的限制性片段长度多态性分析, 是最早发展起来的分子标记, 由博特斯坦（Botstein）在 1980 年首先建立起来。其基本原理是用限制性内切酶消化从生物中提取的模板 DNA, 使其成为不同长度的 DNA 片段, 再用琼脂糖凝胶电泳将这些片段分离开, 并转移到硝酸纤维素膜或尼龙膜上。然后用专一序列的标记 DNA 探针在膜上与模板 DNA 杂交, 最后用自显影、显色或发光分析显示与探针同源的 DNA 片段。限制性内切酶识别专一的碱基（base）序列, 因此 DNA 序列的变异会导致酶切位点的消失或增加, 使限制性片段的长度发生变化, 从而显示多样性。RFLP 又可分为两类, 一类通常以 cDNA 作为探针, 限制性内切酶常用 *EcoR* Ⅰ、*Hind* Ⅲ等。这种方法仅产生少数甚至一条杂交带, 能够反映的多态性水平较低。另一类主要以重复序列包括串联重复序列（如卫星 DNA、小卫星 DNA 和微卫星 DNA）和散布重复序列（如转座子、反转录转座子）为探针进行分子杂交, 称为 DNA 指纹技术。该方法常用 *Hae* Ⅲ、*Hin*f Ⅰ等识别小卫星重复序列的限制性内切酶, 可以得到几十条杂交带, 多样性特别丰富。RFLP 法已被广泛用于细菌菌株、真菌、植物和动物样本, 用来检测病原体、野生动植物群体的遗传结构和多样性等。但此技术需要大量的实验材料来提取 DNA, 方能满足酶切后得到明显的谱带要求, 而且最初标记探针用放射性同位素如 ^{32}P, 具有半衰期短及放射性危害等问题, 操作起来难度较大。近年来随着各种技术研究的迅速发展, 人们对该技术进行了各种改良, 如采用生物素标记, 用酶联免疫方法将酶显色, 采用发光底物大大提高灵敏度, 可达到甚至超过放射性标记的水平。目前, 利用 RELP 技术可以测定近缘种的遗传距离, 显示动物的 DNA 多样性, 为动物分类和动物进化提供可靠的证据。当然此技术也大量应用在植物、微生物的研究当中。

4.1.2　RAPD 技术

1985 年，美国的年轻科学家穆利斯（Mullis）发明了聚合酶链式反应（polymerase chain reaction，PCR）。PCR 技术能快速特异地扩增所希望的目标基因或 DNA 片段，使皮克（pg）量级的起始物迅速达到微克（μg）量级。PCR 技术的出现使 DNA 指纹得到很大发展，如 RAPD、AFLP 等。1990 年，威廉姆斯（Williams）和韦尔什（Welsh）等运用随机扩增寻找多态性 DNA 片段作为分子标记，并将此种方法命名为随机扩增多态性 DNA（RAPD）。

RAPD 技术原理是用一系列不同的单个人工合成的随机排列碱基序列寡核苷酸单链（一般为 10 bp）作引物，对所研究的基因组 DNA 进行单引物扩增。模板 DNA 经 90～94 ℃变性解链后在较低温度（36～37 ℃）下退火，这时形成的单链模板会有许多位点与引物互补配对，因这种短引物能同时识别模板 DNA 上不止一个同源位点，从而可同时扩增出几个 DNA 片段。在 72 ℃，通过链延伸，形成双链结构，完成 DNA 合成。重复上述过程，即可产生片段大小不等的扩增产物，通过琼脂糖凝胶电泳分离和溴化乙锭（ethidium bromide，EB）显色便可得到许多不同的条带，从中筛选出特征性条带。如果基因组在这些区域内发生 DNA 片段插入、缺失或碱基突变，就可能导致这些特定结合位点的分布发生相应的变化，而使 PCR 产物增加、缺少或发生分子量的改变。因此，通过对 PCR 产物的检测，扩增产物片段的多态性即反映了基因组 DNA 的多态性。进行 RAPD 分析时，可用引物的数量很大，虽然对每个引物而言，其检测基因组 DNA 多态性的区域是有限的，但是利用一系列引物则可以使检测区域几乎覆盖整个基因组。因此，用 RAPD 可以对整个基因组 DNA 进行多态性检测。和 RFLP 比起来它具有很多优点，比如 RAPD 不需要了解任何序列的信息，只需很少纯度不高的模板，就可以检测出大量的信息，它的技术简单，不涉及 Southern 杂交、放射自显影等复杂步骤，又因随机引物已制成商品出售，价格比较低，所以 RAPD 技术的成本不高，具有灵敏、方便和多态性强等特点，可以检测出 RFLP 标记不能检测的重复顺序区，可填补 RFLP 图谱的空缺，适用于种质资源的鉴定和分类、目标性状基因的分子标记、遗传图谱的快速构建等研究。当然 RAPD 技术也有一定的限制性，它是一种显性标记，不能有效鉴别杂合子，易受反应条件的影响，稳定性较差，可重复性小，对反应的微小变化十分敏感。Taq 聚合酶的来源，DNA 的不同提取方法，PCR 仪的不同型号都会影响结果。所以做 RAPD 需要严格控制扩增反应条件及 DNA 模板的质量。

RAPD 技术在生物物种鉴别、遗传多样性、基因定位、分子连锁图谱构建和外源导入基因的分子检测等生物学领域有着广泛的应用，对动物系统学，特别是动物分类学的发展起了积极的推动作用。

4.1.3　SSR 技术

简单重复序列（SSR），又称微卫星（microsatellite），是一类由 2~6 个（通常为 2~4 个）核苷酸为重复单位组成的简单串联重复序列，其重复模式、重复次数在物种间、品种间甚至个体间具有非常大的变异性。但重复序列的两端往往是相对保守的侧翼序列。根据保守的边界序列设计引物，即可通过 PCR 技术，分析串联重复次数的变异性。SSR 高度多态，突变率低，在不同个体中，微卫星重复单位数目的变异都很大，造成高度的长度多态性；微卫星标记遵循孟德尔遗传法则，呈共显性遗传，因此能很好地区分纯合子与杂合子；SSR 分布广泛，覆盖整个基因组的编码区和非编码区，大约每隔 10~50 kb 就存在一个微卫星，非常适合于遗传图谱的构建；而且，微卫星 PCR 扩增所需样本量极少，等位基因与基因型检测方法简便，可以用 PCR 结合凝胶电泳法检测。不过，由于扩增 SSR 产生的片段较小（一般为 100~300 bp），而且其多态性片段差异小，故一般的琼脂糖凝胶电泳难以有效检测。早期的方法是在 PCR 反应体系中，将反应底物 dNTPs 中的一种用放射性同位素标记，通过测序胶分离扩增产物，放射自显影检测多态性。后来用高分辨率琼脂糖凝胶检测，或聚丙烯酰胺凝胶电脉（polyacrylamide gel electrophoresis，PAGE）结合银染技术检测 SSR 的多态性。随着高效精确的基因分型自动化技术的发展，现使用基因测序仪，可快捷方便地进行微卫星分析。微卫星技术的难点是基因组中微卫星座位的识别，筛选某物种适宜的微卫星引物通常需要花费大量人力物力。不过，有些种类微卫星引物具有一定的通用性，对于已进行过基因物理图谱或基因组测序的模式生物或已进行较广泛微卫星研究的生物，则可从基因数据库或相关文献中寻找微卫星引物。

微卫星技术已经成为分子遗传学、分子生态学、种群生态学研究中最重要的手段之一，现已广泛应用于生物系统地理格局、种群遗传、分子进化、濒危动物保护、动物亲缘关系及个体识别、污染进化等生态学诸多研究领域。

4.1.4　AFLP 技术

扩增片段长度多态性（AFLP），如 RFLP 一样，其标记的多态性也是由限制性内切酶酶切基因组 DNA 产生的。不过其利用 PCR 技术来检测酶切产生的特异片段，实际上是把 RFLP 和 PCR 结合起来。其基本原理为：使用两种不同的限制性内切酶（一般为 *Eco*R I 和 *Mse* I）切割基因组 DNA，产生的限制性片段的黏性末端有三种不同的组合，通过将不同的限制性片段接上不同的接头（adapter）序列（为已知的寡核苷酸序列），即可作为 PCR 反应的模板。PCR 引物由三部分组成，5′端对应于接头序列，中间对应于酶切位点，3′端为选择性核苷酸（1~3 bp），引物长度一般为 18～20 bp。通过调节两种限制性内切酶的用量和 3′端选择性核苷酸的数目来选择性地扩增，扩增产物利用测序凝胶放射自显影或利用银染方法检测多态性。由于 AFLP 是限制性内切酶与 PCR 相结合的一种技术，因此兼具 RFLP 技术的可靠性与 PCR 技术的高效性。与 RFLP 相比，AFLP 不需要 Southern 转移、分子杂交等步骤，故只需少量 DNA，实验结果稳定可靠，产生多态性条带多，可以提供丰富的信息。AFLP 主要的不足是，需要放射性同位素、非放射性的荧光标记或生物素类标记引物，相对比较费时费力。不过，人们开始逐渐在利用不标记引物直接银染的方法检测 AFLP，使 AFLP 花费降低，可操作性性强。近年来，AFLP 已经广泛应用于种质资源研究、遗传图谱的构建、亲缘关系及遗传多样性分析、保护生物学等方面。

4.1.5　DNA 序列分析

DNA 序列分析是用特定引物 PCR 扩增目的 DNA 片段，再用不同的染剂标记在 4 个不同的碱基上。当染剂暴露在光线下时，会发出不同波长的荧光，再借由仪器接收不同的信号而将序列读出。现在，人们普遍应用 PCR 产物和荧光标记的核酸自动测序仪直接测序。PCR 反应所用模板 DNA 量极少，包括从干标本中获得，从单个孢子中获得，甚至可以从灭绝的生物中获得。而且，也可以将 PCR 产物进行克隆以后再测序。克隆可以避免在每次需要扩增产物时都得重复进行 PCR 反应，这对模板的来源受到限制或由于片段长度等原因，使 PCR 产物难以获得时尤其重要。将 PCR 产物克隆到载体上，也为其以后用作探针或在 PCR 实验中用作阳性对照带来了方便。另外，随着分子信息学的发展，已有许多功能基因及专门的 DNA 序列数据库软件供序列比较，使基因的序列分析可揭示更高水平的多态性。核酸序列测定技术结合序列数据库、各种序列分析软件，在分子进化、种群遗传、生物多样性、系统发生生物地理学、濒危野生动植物保护等方面应用越来越广泛。不过，常用的核糖体 RNA、线粒体 DNA 及少数核 DNA 序列分析虽然在分子生态学的发展中发挥了重要作用，但线粒体 DNA 只能反映母系遗传和线粒体基因组的情况，不能提供整个基因组全貌的情况，其他基因序列分析也类似，只能作为单一位点提供有限信息，而且不能直接用来研究自然选择、重组、基因产生等重要的进化生物学问题。还需要深入发展设计和运用核基因组、多位点 DNA 序列的分子工具。

4.2　同工酶电泳技术

同工酶是指一类底物相似或完全相同的酶蛋白，即催化同一种反应而结构不同的一簇酶。它们可能由等位基因决定，也可能受到非等位基因的控制。前者被称为"等位酶"。由于不同的同工酶形式在分子量和电荷等方面的差异，可以利用凝胶电泳技术将它们分开，用专一的底物和特殊的染料染色，在胶柱中呈现同工酶谱，并可以借助光学扫描技术和相应的计算机分析软件进行定量分析。酶电泳的方法主要有聚丙烯酰胺凝胶电泳（PAGE）、淀粉凝胶电泳（SGE）、醋酸纤维素凝胶电泳（CAGE）和琼脂糖凝胶电泳（AGE）。其中聚丙烯酰胺凝胶电泳 PAGE 在分离蛋白质和核酸上应用广泛。实践中采用不连续电泳，即通过浓缩胶的收缩效应和分离效应，将同工酶分成一条条狭窄的区带，PAGE 由于方法简单、分辨率较高、同工酶不易失活而使用最为普遍。

因为同工酶是基因表达的产物，受到生物在发育过程中基因表达的时序控制，所以同一生物的不同发育期会表现出不同的同工酶谱，同种酶在同一动物不同组织内的表达也不同，所以在研究中要特别强调所取样本的一致性。另外，尽管等位酶的表现型与基因型有较好的关联，但它只能反映一部分功能基因（外显子）的情况，而无法表现大部分功能基因和大量非功能基因，使其在应用范围上有一定的局限性。因此在遗传多样性，数量性状基因定位制图、分子标记辅助育种、分子进化等需要大量标记的研究中，同工酶标记逐渐被 DNA 标记所取代。尽管如此，同工酶标记以其丰富的多样性、共显性表达、重复性强、操作简便等优点使其仍在种群遗传多样性、亲缘关系分析、分子进化、适应的分子基础、功能基因的克隆、生物多样性及其保护、居群生物学研究等方面起着重要作用。

第5章　3S技术在生态学中的应用

3S技术具有强大的空间信息处理能力，是遥感（remote sensing，RS）、地理信息系统（geographic information system，GIS）和全球定位系统（global positioning system，GPS）的统称，是空间技术、传感器技术、卫星定位与导航技术和计算机技术、通信技术相结合，多学科高度集成地对空间信息进行采集、处理、管理、分析、表达、传播和应用的现代信息技术。现在，3S技术已越来越深入地服务于我们的工作和生活，在生态学研究中同样呈现出广阔的应用前景，有力促进了传统生态学研究方法无法解决的一些问题的研究及相关领域的发展。本章主要简介3S技术的方法、原理和应用，以便对这些研究工具有一个初步的了解。

5.1　遥感技术

遥感简称RS，它的含义是遥远的感知，是指不直接接触物体，从远处通过探测仪器接收地物的电磁波信息（一般是电磁波的反射、辐射），通过对信息的处理，从而识别地物。探测物体电磁波的传感器一般选用卫星或飞机作为传感器的遥感平台，按照承载传感器的平台不同可分为航天遥感和航空遥感。遥感的主要特点是探测范围广、信息量大，获取信息的手段多、速度快、周期短、受地面条件限制少。实践证明，在宏观、快速、准确、动态等方面，遥感具有许多其他技术不能替代的优越性。随着遥感技术的不断进步，图像分辨率的不断提高，可用信息源增多，信息可分性增强，遥感已成为生态学领域不可缺少的信息源。遥感技术可用于植被资源调查、气候气象观测预报、作物产量估测、病虫害预测、动物跟踪遥测、海洋渔业开发、环境质量预测、交通线路网络与旅游景点分布等方面。

5.2　地理信息系统技术

地理信息系统简称GIS，是在计算机软件和硬件的支持下，对各类空间数据进行输入、存储、检索、显示和综合分析的应用技术系统。地理信息系统是集地球科学、信息科学、计算机科学、环境科学、管理科学于一体的边缘科学。地理信息系统强调空间与实体关系，注重空间分析与模拟操纵，它具有空间数据处理能力和空间信息分析能力，属性数据和图形数据并存的特点，可根据用户的要求迅速地获取满足需要的各种信息，并能以地图、图形或数据的形式表示处理的结果。计算机技术、网络技术、空间技术的发展，加速了地理信息系统的应用进程，在资源调查、数据库建设与管理、土地利用及其适应性评价、区域规划、生态规划、作物估产、灾害监测与预报、精确农业、城市规划管理、交通运输、环保、制图等领域不仅发挥了重要的作用，而且得到了广泛的应用，并取得了良好的经济效益。目前国内外比较常用的 GIS 软件有 ARC/INFO、MAP/INFO、ARCVIEW、MAPGIS、CITYGIS、VIEWGIS 等。

5.3　全球定位系统技术

全球定位系统简称 GPS，是 1973 年 12 月美国国防部批准它的海陆空三军联合研制的一种新的军用卫星导航系统，它是在子午线卫星系统基础上发展起来的新一代导航定位系统，是继美国阿波罗登月飞船和航天飞船之后的第三大航天工程。整个 GPS 系统由三部分组成，即由 GPS 卫星组成的空间部分，由若干地面站组成的地面监控系统和以 GPS 接收机为主体的用户设备。空间部分由 24 颗工作卫星和 3 颗备用卫星组成，工作卫星均匀分布在 6 个倾角为 55º 的近似圆形轨道上，距地面约 20 200 km，保证用户在任何时候、任何地方都能接收到 4 颗以上的卫星信号，无须地面上任何参照物便可随时随地测出地面上任一点的三维坐标。GPS 具有全球性、全天候、功能多、抗干扰性强的特点，它可以解决传统方法定位精度低、复位难、工作量大的问题，是迄今为止人们认为最理想的空间对地、空间对空间、地对空间定位系统。现广泛应用于军事、民用交通导航、大地测量、摄影测量、野外考察探险、土地利用调查、精确农业以及日常生活等不同领域。GPS 在生态学中主要用于采样地点、动植物位置的精确定位。

5.4　3S 技术在生态学研究中的应用

5.4.1　在植被调查和监测中的应用

3S 技术为植被调查研究提供了新的途径和技术支持，能够及时、快速、准确地获得群落植物的类型和空间分布格局等方面的信息，为科学合理地进行资源、环境的规划与保护提供科学依据。由于绿色植被具有显著、独特的光谱特征，遥感获取植被信息主要是通过植物的反射光谱特征来实现的。不同的植物以及同一种植物在不同生长发育阶段，其反射光谱曲线形态和特征不同。利用植物的光谱特征准确获得群落植被的遥感影像特征信息，由 GPS 实时、快速、准确地提供植被的空间位置，结合少量的实地调查，通过对遥感影像的处理，增加必要的地理信息，配合 GIS 的综合分析，研究者可对区域的植被类型、植被季相节律、植被演化等进行监测和分析，了解植被结构、环境特征和演化的动态等。

目前广泛应用于植被生产力与生物量估算的遥感模型主要有经验模型、物理模型、半经验模型和综合模型，它们的应用受到诸如大气、背景、地形、植被覆盖率与结构等因素的影响。遥感技术的迅速发展及其他技术的应用，包括热红外、微波和激光遥感以及多角度、高光谱和高分辨率技术等，正逐步消除或降低这些影响因素的影响，进一步提高了植被生产力与生物量估算的范围和精度。目前已被广泛应用于植被类型调查、生产力评估、植被监测、野生珍稀动植物的调查研究及生态多样性分析与估算。

5.4.2　在生态环境动态监测中的应用

生态环境动态监测的长期性、实时性、综合性和周期性等特点，要求调查成果必须具备较高的精度和准确度。开展生态环境监测是了解和评价一个国家、一个地区或某一生态区生态环境的状况，为生态建设和环境保护提供决策依据的重要工作。生态环境监测是一项宏观与微观相结合的复杂的系统工程，涉及的空间和时间范围广，监测的对象多，包括农田、森林、草原、荒漠、湿地、湖泊、海洋、气象、物候、动植物、城市等，数据收集和处理难度大，传统的生态环境监测、评价技术方法应用范围小，只能解决局部生态环境监测和评测问题，很难大范围、适时地开展监测工作，而综合整体且准确完全的监测结果依赖 3S 技术，利用 RS 和 GPS 获取、管理地貌及位置信息，然后利用 GIS 对整个生态区域进行数字表达形成规则、决策系统。

5.4.3　在生物多样性保护中的应用

生物多样性保护是当今世界关注的热点问题。然而传统的生物学和生态学的研究手段在生物多样性的研究中有许多局限性，难以适应生物多样性研究的新形势。3S 技术由于具有地理坐标定位的特点，可将物种、生境以及时空变化纳入地理坐标体系，通过计算机程序，大大地增强了解决空间问题的能力。结合遥感技术，利用物种分布及植物、气候等的 GIS 数据库，很容易解决地理单元中物种数量变化趋势的分布格局问题，并能建立物种分布和生境因子之间的联系。因此，在动植物多样性调查、濒危和特有物种保护以及动物种群动态和生境研究中具有重要作用。

　　例如珍稀野生动物作为生物多样性研究和保护的重点，因其数量少、生境复杂多变，进行实地调查难度大、效率低，不能及时获取生物多样性变化信息，影响了生物多样性研究和保护工作的进行。但因每种生物都有其适宜生存的环境和生活习性，野生动物往往具有特殊的栖息地，因此，通过对生境及其栖息地状况（包括地形、土壤、拓扑关系、水源供给、植被覆盖特征及人为活动等因素）的研究与分析，可以间接反映生物多样性情况，为生物多样性保护与评价提供依据。但由于传统的生物多样性调查对动物栖息地的研究不可能在同一时间获得整个区域的物种数量和个体数量，难以保证数据的准确性而存在很大的局限性。因此，利用 GPS 的实时导航、准确定位功能，寻找样带起点，并根据输入的样带终点坐标引导调查人员实地调查，保证样带的准确性。利用遥感图像大范围、全天候的特点对生境及栖息地进行监测，确定与野生动物密切相关的生态因子，利用 GIS 将种群数量、分布规律及栖息地状况联系起来进行系统的分析，从而实现高效、准确、低投入的野生动物现状调查与动态监测。同时利用遥感和 GPS 提供的动态信息，通过 GIS 对数据进行实时更新，建立模型，为生物多样性保护提供了可靠的决策支持，对生物多样性的分析与评价具有十分重要的意义。

5.4.4　在流域生态风险评价方面的应用

　　伴随着环境管理目标和环境观念的转变，流域生态风险评价逐渐成为国内外学术应用的方法之一。在分析流域生态风险发生机理的基础上，根据风险评估框架，从流域生态风险评估三要素风险源-生境-受体出发，构建了危险度-脆弱度-损失度流域生态风险评估技术体系，主要包括综合模型的构建、指标体系选取、等级体系划分与评估单元确定等内容。并且以 GIS 辅助的小尺度植被分析，即作为主要用于景观分析的工具，从风险源危险度、生境脆弱度及受体损失度三方面构建了流域生态风险指数评价。GIS 在小尺度格局分析中也具有一定的优势，能够较好地分析流域生态风险的时空特征。RS 图像提供一种动态数据载体，为资源环境的研究提供了由静态到动态，由定性到定量，由宏观到微观的技术。GIS 在小尺度植被分析中的作用包括：空间数据的生成、查询与可视化、空间属性的量度、表格操作、邻接图和相关的分析等。

5.4.5　在农业生态中的应用

　　主要用于农情监测、自然灾害的动态监测与分析以及农业生产现状的动态监测分析，为有关部门提供及时的可视化、图像化的农业情况。此外，利用 3S 技术还可以监测农作物的长势及病虫害的发生；测定叶绿素的含量，进而分析叶绿素密度与干物质积累的关系；利用红外波段遥感图像，监测土壤水分含量的时空变化，为定时、定点灌溉提供佐证资料。美国、欧盟成员国、澳大利亚等的遥感估产运行从 20 世纪 80 年代开始，为其粮食生产、贸易及食物安全预警发挥了重要的作用。我国农作物长势的遥感监测系统已进入了业务运行服务阶段。在农作物的生长季节（3~9 月），每隔 10 天提交一次全国的主要农作物长势监测评价简报。该系统主要利用红波段和近红外波段的遥感数据计算归一化植被指数（NDVI），对冬小麦、春小麦、早稻、中稻、晚稻、玉米、大豆七种农作物的苗情、生长状况及其变化进行准确、实时的宏观监测。

5.4.6 在景观生态学研究中的应用

景观生态学主要是研究景观层次上大尺度的生态学。由于景观生态学研究尺度大，传统的野外调查耗时多、强度大、费用高，难以满足现代条件下对景观生态学研究的要求。遥感探测不受地面条件的限制，视域范围大，不仅可以获得可见光波段的电磁波信息，而且可获得紫外、红外等波段的信息，且成像周期短，可不依赖地面控制点直接对遥感图像定位，强大的空间分析及图像处理功能则恰好满足了景观生态学对大尺度生态学研究的要求。RS 和 GPS 获取大量空间数据的功能，使得大部分生态学者将 3S 技术作为景观生态学研究中基础数据获取的重要手段。景观生态学核心在于强调大空间尺度上景观格局的生态影响，景观动态监测研究是其中的重要方向，传统的景观格局研究方法进行动态监测存在一定困难，主要是获取景观数据的周期长，而 RS 技术获取数据的海量性、时效性等特点，为景观格局的动态监测提供技术支持。利用不同时期的遥感数据和土地利用等不同类型的地图，选取合适景观指数进行分析，是进行景观生态动态监测的途径。此外，也有许多学者将景观生态学与 3S 技术相结合应用到景观规划研究中。

第6章　生态学数据处理与软件介绍

处理数据和获得数据一样，都是科学研究中的核心环节之一。由于生态学研究中所观测的样品都是实际生物种群或群落中的一部分，要想通过这些观测数据作出预测和推论，必须使用统计学方法。实验设计与数据统计分析是生物学研究人员检验假说、寻找模式、建立生物学理论的有力工具。生物统计学方法使生态学家能够通过分析随机抽取的部分样本数据，来定量描述或概括生物种群或群落的一些特性，从而得出结论，并有目的地分析评估一些数据之间的异同和关联性。这些统计方法的具体运算基本都可使用相应的计算机软件来完成。本章介绍一些最基本的用于生态学实验数据分析的统计学方法和常用的数据处理与统计分析软件。

6.1　生态学实验数据处理的统计学基础

6.1.1　数据的分布

生态学中研究所获得的数据是很丰富多样的，而未加整理的数据很难用于生态学分析。通过对调查或观察得到的数据进行整理分析后，就可以看到资料的集中程度和分布状况。

1. 频数分布表

表 1.1 是不同生态条件下某植物生长高度的分布状况。通过归类表示后，可以比较清楚地反映两种不同生态条件下植物高度的差异性。

表 1.1　不同生态条件下某种植物高度的频数分布表

高度范围/cm	生态条件 1　植物数量/株	生态条件 2　植物数量/株
20～25	6	4
25～30	11	8
30～35	26	19
35～40	18	21

续表

高度范围/cm	生态条件 1　植物数量/株	生态条件 2　植物数量/株
40~45	8	5
45~50	4	3

2. 频数分布图

频数分布图可以更形象地反映频数的分布状况。常使用的图形有：柱形图、折线图、条形图（图 1.19）等。这些图形可以在 Excel 软件中绘出。

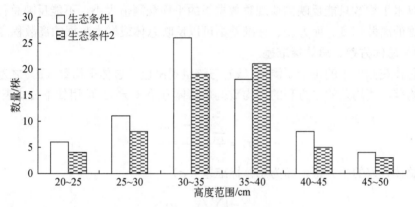

图 1.19　植株的高度分布

6.1.2　描述统计

1. 平均数

平均数是数据分析中最常使用的结果表示方法。它是数据的代表值，表示实验数据的中心位置，往往作为资料的代表与另一组同类资料进行比较。

平均数的种类比较多，如算术平均数、几何平均数。由于算术平均数是最常用的平均数，这里只介绍算术平均数的计算方法。一组数据资料中各个数据的总和除以数据的个数所得的商数，称为算术平均数，一般记为 $\overline{X}$ 。

算术平均数的计算方法有如下两种。

1）直接计算

将所有的观测值 x_1，x_2，x_3，$\cdots$，x_n 直接相加再除以观测值的个数 n，公式为

$$\overline{x} = \frac{x_1 + x_2 + x_3 + \cdots + x_n}{n} = \frac{\sum\limits_{i=1}^{n} x_i}{n}$$

2）加权法

当观测值中相同值的个数较多时，可将观测值的个数（即频数 f）乘以该观测值，以替代相同观测值逐个相加。计算公式为

$$\overline{x} = \frac{f_1 x_1 + f_2 x_2 + f_3 x_3 + \cdots + f_n x_n}{f_1 + f_2 + f_3 + \cdots + f_n} = \frac{\sum\limits_{i=1}^{n} f_i x_i}{\sum\limits_{i=1}^{n} f_i}$$

2. 方差、标准差、变异系数

算术平均数只能反映同质观察数据组的平均观测值大小，不能反映总体或样本数据的离散程度。而方差、标准差则可以反映总体或样本数据的离散程度。

1）总体方差、总体标准差

总体观测值中的每个观测值（x）与该组观察值的总体平均数（μ）之差，称为离均差，离均差的平方和的平均数就是总体方差（σ^2）。可用如下公式表示：

$$\sigma^2 = \frac{\sum\limits_{i=1}^{n} (x_i - \mu)^2}{N}$$

总体方差的平方根，即为总体标准差（σ）：

$$\sigma = \sqrt{\frac{\sum\limits_{i=1}^{n} (x_i - \mu)^2}{N}}$$

2）样本方差、样本标准差

在实际工作中，我们掌握的是样本资料（n 个），而不是总体资料（N 个），这样在 μ 未知的情况下，需要用样本平均数 $\overline{x}$ 来估计。此外，由于取样误差，样本平均数 $\overline{x}$ 通常不等于总体平均数 μ。在统计学上，为了无偏估计总体标准差，样本标准差（s）的计算常用如下公式表示：

$$s = \sqrt{\frac{\sum\limits_{i=1}^{n} (x_i - \overline{x})^2}{n-1}}$$

样本方差常用 s^2 表示，其计算公式为

$$s^2 = \frac{\sum\limits_{i=1}^{n} (x_i - \overline{x})^2}{n-1} = \frac{\sum\limits_{i=1}^{n} x_i^2 - \dfrac{\left(\sum\limits_{i=1}^{n} x_i\right)^2}{n}}{n-1}$$

3）变异系数

标准差和观测值的单位相同，可以表示一个样本的变异度。若比较两个样本的变异度，两样本因单位不同或平均数不同，不能用标准差直接进行比较。而变异系数（CV）可以消除单位和（或）平均数不同对两个或多个样本变异程度比较的影响。变异系数又称为离散系数，用 CV 表示，它是指标准差与平均数 $\bar{x}$ 之比的百分数，公式为

$$CV = \frac{s}{\bar{x}} \times 100\%$$

3. 数据的表示

生态学研究往往是用样本的信息来推断总体的特征，由于抽样误差，样本的平均数并不恰好等于总体平均数，这样由抽样导致的样本平均数与总体平均数之差称为平均数的抽样误差。同时，也由于取样的多少不同，所得样本的平均数之间也不一定相等。样本平均数是否能够反映总体平均数，取决于研究工作对正确性的要求。这个正确性的水平就是检验水平（α）。

检验水平 α=0.05 表示的意思是，用一个样本平均数 $\bar{x}$ 估计未知总体平均数，理论上有 95%（$1-\alpha$）的正确水平。这时平均数的置信区间为

$$\left(\bar{x} - t_{\alpha,v} \frac{s}{\sqrt{n}}, \bar{x} + t_{\alpha,v} \frac{s}{\sqrt{n}} \right)$$

式中，$\bar{x}$ 为样本均数；n 为样本数量；v 为自由度（v=n-1）；$t_{\alpha,v}$ 为在检验水平为 α、自由度为 v 时查 t 值表时得到的 t 值；s 为样本标准差。

在科学研究中，常常是用 $\bar{x} \pm t_{\alpha,v} \frac{s}{\sqrt{n}}$ 的方式表示数据在 $1-\alpha$ 置信区间的分布范围。有时，为了方便起见，在注明的条件下，也常用 $\bar{x} \pm s$ 形式表示。

6.1.3　统计假设检验

生态学研究中，在正态或近似正态分布的数据资料中，经常在描述统计过程分析后，还要进行组与组之间平均水平的比较。常需要通过比较不同实验组数据之间的相似性或差异来得出结论。两个实验组之间的平均数的比较常用 t 检验，多个实验组之间平均数的比较则常先用单因素方差分析（one-factor analysis of variance, one-factor ANOVA）进行 F 检验，如果整体有差异，再通过 Duncan 法等进行实验组两两之间的多重比较。

1. t 检验

1）样本均数与总体均数比较的 t 检验

这种检验主要是推断样本均值 $\bar{x}$ 所代表的未知总体均数 μ 与已知的总体未知均数 μ_0 是否相等。这时首先计算统计量 t 值：

$$t = \frac{\bar{x} - \mu_0}{s_{\bar{x}}} = \frac{\bar{x} - \mu_0}{s/\sqrt{n}}$$

查阅 t 值表，自由度 $v=n-1$ 时得到 $\alpha=0.05$ 和 $\alpha=0.01$ 显著性水平下的 $t_{0.05,v}$ 和 $t_{0.01,v}$ 值，如果 $t_{0.05,v} > t$，一般认为是没有差异；如果 $t_{0.05,v} < t < t_{0.01,v}$，认为有显著差异；如果 $t_{0.01,v} < t$，认为达到极显著差异。

2）成对数据资料的比较

这类数据组间的比较，首先是计算各对数据之间的差值 d 及其均数 $\bar{d}$，这样两组成对数据之间的比较就转化成了其差数的均数 $\bar{d}$ 与 0 之间的比较。首先计算统计量 t 值：

$$t = \frac{\bar{d}}{s_d/\sqrt{n}}$$

$$s_d = \sqrt{\frac{\sum d^2 - (\sum d)^2/n}{n-1}}$$

同样根据查阅 t 值表，自由度 $v=n-1$ 时得到 $\alpha=0.05$ 和 $\alpha=0.01$ 显著水平下的 $t_{0.05,v}$ 和 $t_{0.01,v}$ 值，如果 $t_{0.05,v} > t$，一般认为是没有差异；如果 $t_{0.05,v} < t < t_{0.01,v}$，认为有显著差异；如果 $t_{0.01,v} < t$，认为达到极显著差异。

3）两样本均数的比较

原理同上，主要是计算出 t 值，确定好自由度 v，然后查阅 t 值表，查阅置信区间。通过比较实际的置信区间和要求的置信区间的差异，判定样本均数有无差异性。

若样本 1 的观测数有 n_1 个，样本 2 的观测数有 n_2 个，它们的均数分别为 $\bar{x}_1$、$\bar{x}_2$，则：

$$t = \frac{\bar{x}_1 - \bar{x}_2}{\sqrt{\dfrac{\sum x_1^2 + \sum x_2^2 - \left[\dfrac{(\sum x_1)^2}{n_1} + \dfrac{(\sum x_2)^2}{n_2}\right]}{n_1 + n_2 - 2}\left(\dfrac{1}{n_1} + \dfrac{1}{n_2}\right)}}$$

$$v = n_1 + n_2 - 2$$

如果 $n_1=n_2=n$ 时，上式可以简化为

$$t = \frac{\overline{x}_1 - \overline{x}_2}{\sqrt{\dfrac{\sum x_1^2 + \sum x_2^2 - \left[\left(\sum x_1\right)^2 + \left(\sum x_2\right)^2\right]/n}{n(n-1)}}}$$

2. 方差分析

以上所涉及的数据检验主要是针对两个样本均数的检验，对于多个样本均数的比较，则需要采用方差分析（analysis of variance，ANOVA）。

1）基本原理

方差分析的基本思想是把全部观测值之间的变异——总变异，按设计和需要分为两个或多个部分进行分析。一般地，将总变异分隔成各个因素的相应变异，作出数量估计，从而发现各个因素在变异中所占的重要程度；而且除了可控因素所引起的变异外，其剩余变异又可提供实验误差的准确而无偏的估计，作为统计假设测验的依据。

2）分析过程

（1）方差和自由度

设有 k 组样本，每样本皆具有 n 个观测值，则共有 nk 个观测值。这些观测值的总变异 s_T^2 由组间变异 s_t^2 和组内变异 s_e^2 构成。它们可以分别按下式计算得到：

$$s_T^2 = \frac{\sum\limits_{i=1}^{k}\sum\limits_{j=1}^{n}(x_{ij} - \overline{x}_{\text{total}})^2}{nk-1}$$

$$s_t^2 = \frac{\sum\limits_{j=1}^{n}(\overline{x_j} - \overline{x}_{\text{total}})^2}{k-1}$$

$$s_e^2 = \frac{\sum\limits_{i=1}^{k}\sum\limits_{j=1}^{n}(x_{ij} - \overline{x_i})^2}{k(n-1)}$$

这里 i=1，2，3，$\cdots$，k；j=1，2，3，$\cdots$，n。总变异自由度：$nk-1$；组间自由度：$k-1$；组内自由度：$k(n-1)$。

（2）F 测验

根据以上方差分析结果，可以得到 F 值：

$$F = \frac{s_t^2}{s_e^2}$$

将计算得到的 F 值与查表得到的 F_α 值（在以上特定的自由度和拟定的显著水

平上）进行比较，进行判断。如果 $F > F_{\alpha}$，则说明组间变异量显著地大于组内变异量，即不同处理间的结果是有差异的。

（3）多重比较

F 测验得到的结果是一个整体差异，即说明处理组的平均值是有显著差异的，但并不说明各个平均数之间都有显著差异，也不能说明是一部分平均数间有差异，而另外一部分平均数间没有差异。为此需要对各平均数进行多重比较。

多重比较方法很多，这里只介绍最常用的 Duncan 法，又称为新复极差测验（SSR）。它的计算过程分别可以表示如下：

① 计算平均数的标准误 SE。当各样本的容量均为 n 时，

$$SE = \sqrt{\frac{s_e^2}{n}}$$

② 查 SSR 表，可以得到 s_e^2 在各自由度下，$p=2$，3，…，k 时的 SSR_{α} 值，进而算得各个 p 下的最小显著极差（LSR）（p 为某两极差间所包含的平均数个数）：

$$LSR_{\alpha} = SE \times SSR_{\alpha}$$

③ 将各平均数按大小顺序排列，用各个 p 的 LSR_{α} 值比较各平均数之间的差异：凡是两极差 $< LSR_{\alpha}$，即认为两个平均数间在 α 水平上没有差异，凡是两极差 $\geqslant LSR_{\alpha}$，即认为两个平均数间在 α 水平上差异显著。

④ 总而言之，多重比较的结果表示方法很多，但目前国际上生态学主要刊物大多采用 Duncan 法表示。它的表示方法如下。

将全部平均数从大到小依次排列，然后在最大的平均数上标上字母 a，并将该平均数与后面各平均数相比，凡相差不显著的（$< LSR_{\alpha}$ 的），都标记上 a，直至某个与之相差显著的平均数标以字母 b；再以标有 b 的平均数为标准，先与前面的平均数比，凡相差不显著的（$< LSR_{\alpha}$ 的），在 a 旁边标记上 b；然后，以标有 b 的最大平均值为标准，与后面各个平均数比，凡相差不显著的继续以字母 b 标记，直到某一个与之相差显著的平均数标以 c。如此重复下去，直到最小的一个平均数有了标记字母为止。这样，各个平均数间，凡有一个相同字母的即为差异不显著，凡具有不同字母的即为差异显著。

在实际应用中，为了区分 0.05 和 0.01 水平上的差异性，以小写字母表示 0.05 水平，以大写字母表示 0.01 水平。

3. 非参数检验

上述的检验方法都要求数据呈正态分布或通过方差齐性检验。生态学研究中的观测数据很多呈非正态分布，这时可用非参数检验（non-parametric test）的方法进行假设检验。最常见的用于两组实验数据比较的非参数检验法是曼-惠特尼 U

检验（Mann-Whitney U test）［或称为威尔科克森-曼-惠特尼（Wilcoxon-Mann-Whitney）检验］。如果是呈非正态分布的多个实验组之间的比较，用曼-惠特尼 U 检验就无法确保假设检验的准确性，而应该先用克鲁斯卡尔-沃利斯（Kruskal-Wallis）单因素秩方差分析，再进行非参数多重比较，其详细方法及原理可参照《生物统计学》（第四版）或 *Practical Methods in Ecology*。

6.1.4　回归和相关

回归和相关（regression and correlation）是用来分析两组或两组以上实验数据之间相关关系的两种常用的统计学方法。生态学研究中经常会遇到两个不同变量密切关联的情况，一个变量发生变化，另一个也会发生相应的变化，如树木的年龄与树干的直径、鱼的体长与体重、摄食量与增重等。变量间的关系有两类，一类变量间存在着完全确定性的关系，可以用精确的数学表达式来表示，如正方形的面积（S）与边长（a）的关系可以表达为：$S=a^2$。它们之间关系明确，只要知道了其中一个变量的值，就可以精确地计算出另一个变量的值。这类关系称为函数关系。另一类变量间不存在完全的确定性关系，不能由一个或几个变量的值精确地求出另一个变量的值，但变量之间又密切关联，这类关系称为相关关系，存在相关关系的变量称为相关变量。

相关变量间的关系一般分两种：因果关系和平行关系。前者指一个变量的变化受另一个或另几个变量的影响，如鱼的生长速度受温度、水质、遗传特性、营养水平等因素的影响；后者指变量之间互为因果或共同受到其他因素的影响，如鱼类体长和体重、生长和繁殖之间的关系。统计学上采用回归分析（regression analysis）研究呈因果关系的相关变量间的关系。表示原因的变量称为自变量，表示结果的变量称为因变量。研究"一因一果"，即一个自变量与一个因变量的回归分析称为一元回归分析；研究"多因一果"，即多个自变量与一个因变量的回归分析称为多元回归分析。一元回归分析又分为直线回归分析与曲线回归分析两种；多元回归分析又分为多元线性回归分析与多元非线性回归分析两种。回归分析的任务是揭示呈因果关系的相关变量间的联系，建立它们之间的回归方程，利用所建立的回归方程，由自变量（原因）来预测、控制因变量（结果）。统计学上采用相关分析（correlation analysis）研究呈平行关系的相关量之间的关系，对两个变量间的直线关系进行相关分析称为简单相关分析（也称为直线相关分析）；对多个变量进行相关分析时，研究一个变量与多个变量间的线性相关称为复相关分析；研究其余变量保持不变的情况下两个变量间的线性相关称为偏相关分析。应用通常的计算机统计学软件一般都可建立回归方程并进行相关分析。下面简单介绍如何建立一元直线回归方程及如何判定两个变量是否相关。

1. 直线回归方程

　　假定有两个相关变量 x 和 y，通过实验或调查获得两个变量的 n 对观测值：(x_1, y_1)，(x_2, y_2)，$\cdots$，(x_n, y_n)。为了直观地看出 x 和 y 间的变化趋势，将每一对观测值在平面直角坐标系描点，作出散点图，如图 1.20 所示。在此基础上根据最小二乘法得出直线回归方程（straight line regression equation）。

　　从散点图可以看出：① 两个变量间有关或无关，若有关，两个变量间的关系类型是直线型还是曲线型；② 两个变量间直线关系的性质（是正相关还是负相关）和程度（是相关密切还是不密切）。因此，散点图直观、定性地表示了两个变量之间的关系。

　　为了探讨变量之间关系的规律性，还必须根据观测值将变量间的内在关系定量地表达出来。图 1.20 中两个相关变量 y（因变量）与 x（自变量）间的关系是直线关系，这种关系可用方程表示为

$$y=a+bx$$

式中，x 为可以观测的一般变量（也可以是可以观测的随机变量）；y 为可以观测的随机变量；b 为直线斜率（slope），表示如 x 变化 1 个单位，y 的变化量（$b>0$，x 与 y 正相关；$b<0$，x 与 y 负相关）；a 为截距（intercept），表示 x 为 0 时 y 的数值。

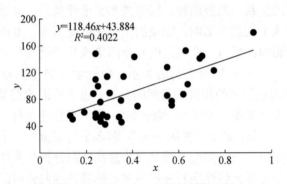

图 1.20　变量 x 与 y 相关关系散点图

　　这就是直线回归的数学模型，我们可以根据实际观测值估计 a，b 的值，根据最小二乘法求出与实际观测值拟合最好的回归直线，也就是在 xOy 平面直角坐标上所有直线中最接近散点图中全部散点的直线，这时：

$$a = \hat{y} - b\overline{x}$$

$$b = \frac{s_p}{\mathrm{SS}_x}$$

$$s_p = \sum_{i=1}^{n} (x_i - \overline{x})(y_i - \overline{y})$$

$$SS_x = \sum_{i=1}^{n} (x_i - \overline{x})^2$$

其中，$\hat{y}$ 表示回归方程中与自变量 x 值相对应的因变量 y 的总体平均数的点估计值；s_p 表示自变量 x 与因变量 y 的离均差乘积和；SS_x 表示自变量 x 的离均差平方和。

2. 直线回归的显著性检验

若变量 x 和 y 之间并不存在直线关系，但由 n 对观测值（x_i，y_i）也可以根据上面介绍的方法求得一个回归方程：$y=a+bx$。显然，这样的回归方程所反映的两个变量间的直线关系是不真实的。如何判断直线回归方程所反映的两个变量间的直线关系的真实性呢？如果变量 x 和 y 之间存在直线关系，那么由观测值计算的直线斜率 b 应该能代表以变量 x 和 y 代表的真实斜率关系 β。因此，通过检测 b 是否存在统计学意义，我们就能评价变量 x 和 y 之间是否确实存在直线关系。假设检验中，我们设置无效假设 H_A：$\beta=0$，备择假设 H_A：$\beta \neq 0$，那么利用 t 检验，公式如下：

$$t = \frac{b}{s_b}$$

式中，s_b 为 b 的标准误差，公式为

$$s_b = \sqrt{\frac{s^2}{SS_x}}$$

式中，SS_x 为 x 的离均差的平方和；s^2 的公式为

$$s^2 = \frac{SS_y - \dfrac{s_p^2}{SS_x}}{n-2}$$

式中，SS_y 为 y 值的离均差的平方和。

查自由度为 $n-2$、$\alpha=0.05$ 的 t 值，与计算所得 t 值比较，即可判断该直线回归方程是否有统计学意义了。根据自由度 $n-2$、$\alpha=0.05$ 的 t 值、s_b 和 b，还可以估计斜率的 95% 置信区间，即 $\beta=b \pm t_\alpha s_b$。

值得注意的是：利用直线回归方程进行预测或控制时，不能随意把研究范围扩大，因为在研究的范围内两变量之间是直线关系，这并不能保证在研究范围之外两者间仍然是直线关系。若需要扩大预测和控制范围，则需要基于充分的理论依据并进一步通过实验来验证。利用直线回归方程进行预测或控制，一般只能内插，不要轻易外延。

6.2　生态学数据处理相关软件的介绍与使用

上述统计学方法的具体运算基本都可使用相应的计算机软件，在生态学研究中，使用较多的数据处理软件主要有 SAS、SPSS 和 Stata 等统计分析软件，此外，R 语言也是近年来常用的统计分析软件。每个软件都有自己独特的风格，也有自己的优缺点。下面将对这些软件作简单的介绍。

6.2.1　SAS

SAS 是美国 SAS（赛仕）软件研究所研制的一套大型集成应用软件系统，具有比较完备的数据存取、数据管理、数据分析和数据展现的系列功能。尤其是它的统计分析系统部分，由于具有强大的数据分析能力，在数据处理方法和统计分析领域被认为是国际上的标准软件和优秀统计软件包之一。

SAS 系统是一个组合的软件系统，它由多个功能模块配合而成，其基本部分是 BASE SAS 模块，BASE SAS 模块是 SAS 系统的核心，承担着主要的数据管理任务，并管理用户使用环境、处理用户语言、调用其他 SAS 模块和产品。运行 SAS 系统必须先启动 BASE SAS 模块，它除了本身所具有数据管理、程序设计及描述统计等计算功能以外，还是 SAS 系统的中央调度室。它不仅可以单独使用，还可与其他产品或模块共同构成一个完整的系统。同时，通过安装程序还能对各模块进行方便快捷地安装与更新。

SAS 系统除了具有比较灵活的功能扩展接口和强大的功能模块，还具有非常强大的数据管理能力，能让用户以任意方式来处理数据。SAS 还包含结构化查询语言（SQL）过程，支持在数据集中使用 SQL 查询。SAS 可以同时处理多个数据文件，或是用户硬盘空间所允许的最大记录数。但是，相比于 Stata 或 SPSS 软件，熟练掌握 SAS 软件并完成许多复杂的数据管理工作所使用的命令则需要花费用户更多的时间。

在统计分析方面，SAS 能够执行大多数统计分析工具［回归分析、逻辑斯谛（logistic）回归、生存分析、方差分析、因子分析、多变量分析］，每个过程均含有极丰富的任选项。用户还可以通过对数据集的一连串加工，实现更为复杂的统计分析功能。此外，SAS 还提供了各类概率分析函数、分位数函数、样本统计函数和随机数生成函数，使用户能方便地实现特殊统计要求。SAS 的最优之处在于它的方差分析、混合模型分析和多变量分析功能，而它的劣势主要是有序和多元 logistic 回归（因为这些命令很难在 SAS 中实现），以及稳健方法（它难以完成稳健回归和其他稳健方法）。尽管 SAS 支持调查数据的分析，但与 Stata 比较其分析功能仍然是相当有限的。

另外，在所有的统计软件中，SAS 中 SAS/Graph 模块是最强大的绘图工具。然而，SAS/Graph 模块的学习也是非常专业而复杂的，图形的制作主要使用程序语言。SAS 虽然可以通过点击鼠标来实现交互式绘图，但操作方面仍不如 SPSS 那样简单。

SAS 由于功能强大而且可以编程，很受用户欢迎。然而，由于 SAS 的操作至今仍以编程为主，人机对话界面不太友好，同时也是当前最难掌握的软件之一。使用 SAS 时，你需要编写 SAS 程序来处理数据，进行分析。系统地学习和掌握 SAS 需要花费一定的精力，SAS 软件已成为专业研究人员进行统计分析的标准软件。

6.2.2　SPSS

SPSS 原名社会科学统计软件包（statistical package for the social science），现已改名为统计解决方案服务软件（statistical product and service solutions），它是世界著名的统计分析软件之一。20 世纪 60 年代末，美国斯坦福大学的三位研究生研制开发了最早的 SPSS，同时成立了 SPSS 公司，于 1975 年在芝加哥组建了 SPSS 总部。20 世纪 80 年代以前，SPSS 统计软件主要应用于企业单位。1984 年，SPSS 总部首先推出了世界第一套统计分析软件计算机版本 SPSS/PC+，开创了 SPSS 计算机系列产品的先河，从而确立了 SPSS 在个人用户市场第一的地位。

SPSS for Windows 是一个组合式软件包，它集数据整理、分析功能于一身。SPSS 非常容易使用，故最为初学者所接受，它有一个可以点击的交互界面；能够使用下拉菜单来选择所需要执行的命令；可通过拷贝和粘贴的方法来学习"句法"语言，但是这些句法通常非常复杂而且不是很直观。SPSS 的基本功能包括数据管理、统计分析、图表分析、输出管理等。

在数据管理方面，SPSS 有一个类似于 Excel 界面的数据编辑器，可以用来输入和定义数据（缺失值、数值标签等），但它的数据管理功能并不是很强，而且 SPSS 主要用于对一个文件进行操作，难以同时处理多个文件。它的数据文件最多能够处理 4 096 个变量，记录的数量则是由用户所拥有计算机的磁盘空间来限定。

SPSS 统计分析过程包括描述性统计、均值比较、一般线性模型、相关分析、回归分析、对数线性模型、聚类分析、数据简化、生存分析、时间序列分析、多重响应等几大类，每类中又分多个统计过程，比如回归分析中包含线性回归分析、曲线估计、logistic 回归、Probit 回归、加权估计、两阶段最小二乘法、非线性回归等多个统计过程，而且每个过程中又允许用户选择不同的方法及参数。SPSS 的优势在于方差分析（能完成多种特殊效应的检验）和多变量分析（多元方差分析、因子分析、判别分析等）。其缺点是没有稳健方法（无法完成稳健回归或得到稳健标准误），缺乏调查数据分析。

SPSS 也提供绘图系统，其绘图的交互界面非常简单，能够绘出质量极佳的图形，用户可以根据需要通过点击来修改。SPSS 也有用于绘图的编程语句，但是无法产生交互界面作图的一些效果。这种语句比 Stata 语句难，但比 SAS 语句简单。

SPSS for Windows 的分析结果清晰、直观。该软件易学易用，而且可以直接读取 Excel 及 DBF 数据文件，现已推广到多种操作系统上；最新的 29.0.0 版本采用分布式分析架构（distributed analysis architecture，DAA），全面适应互联网，支持动态收集、分析数据和 HTML 格式报告。对于每项功能详细的使用方法可参考《SPSS 统计分析基础教程》。

6.2.3　Stata

Stata 是一套提供数据分析、数据管理以及绘制专业图表的整合型统计软件。它提供许多功能，包含数据操作、探索、可视化、统计、报告等方面。Stata 以其简单易懂和功能强大的特点受到初学者和高级用户的普遍欢迎。用户使用时可以每次只输入一个命令（适合初学者），也可以通过一个 Stata 程序一次输入多个命令（适合高级用户）。18.0 版本的 Stata 采用最具亲和力的窗口接口，使用者自行建立程序时，软件能提供具有直接命令式的语法。在软件使用方面，Stata 提供了完整的包含统计样本建立、解释、模型与语法、文献等超过 1 600 页的使用手册。除此之外，Stata 软件可以通过网络实时更新功能，并实时获取世界各地的用户对于 STATA 公司提出的问题与解决方案。用户还可以通过 *Stata Journal* 获得更多的相关讯息以及书籍介绍等。

在数据管理方面，尽管 Stata 的数据管理能力没有 SAS 那么强大，它仍然有很多功能较强且操作简单的数据管理命令，能够让复杂的操作变得容易，但其每次主要用于对一个数据文件进行操作，难以同时处理多个文件。随着 Stata/SE 的推出，现在一个 Stata 数据文件中的变量可以达到 32 768 个，但是当一个数据文件超越计算机内存所允许的范围时，用户可能无法分析它。

Stata 的统计功能很强，能够进行大多数统计分析（回归分析、多元混合效应模型、贝叶斯分析、Meta 分析、方差分析、因子分析，以及多变量分析）。另外，它还收集了近 20 年发展起来的新方法［如考克斯（Cox）比例风险模型、韦布尔（Weibull）回归模型、泊松（Poisson）回归模型、广义线性回归、结构方程模型、贝叶斯非线性动态随机一般均衡模型、随机效应模型等］。Stata 最大的优势在回归分析（包含易于使用的回归分析特征工具）、logistic 回归（附有解释 logistic 回归结果的程序，易用于有序和多元 logistic 回归），Stata 也有一系列很好的稳健方法，包括稳健回归、稳健标准误的回归，以及其他包含稳健标准误估计的命令。

此外，在调查数据分析领域，Stata 有着明显优势，能提供回归分析、logistic 回归、泊松回归、概率回归等的调查数据分析，它的不足之处在于方差分析和传统的多变量方法（多变量方差分析、判别分析等）。

和 SPSS 一样，Stata 也能提供一些命令或鼠标点击的交互界面来绘图，而与 SPSS 不同的是，它没有图形编辑器。在三种软件中，它的绘图命令的句法是最简单的，功能却最强大。图形质量也很好，可以达到出版的要求。另外，这些图形很好地发挥了补充统计分析的功能。例如，许多命令可以简化回归判别过程中散点图的制作。

由于 Stata 在分析时是将数据全部读入内存，在计算全部完成后才和磁盘交换数据，因此计算速度极快（一般来说，SAS 的运算速度要至少比 SPSS 快一个数量级，而 Stata 的某些模块的运行速度比执行同样功能的 SAS 模块快将近一个数量级），Stata 也是采用命令行方式来操作，但使用上远比 SAS 简单。其生存数据分析、纵向数据（重复测量数据）分析等模块的功能甚至超过了 SAS。

总之，Stata 较好地实现了使用简便和功能强大两者的结合，其简单易学，且在数据管理和许多前沿统计方法中的功能非常强大，用户可以很容易下载到别人已有的程序，也可以自己去编写，并使之与 Stata 紧密结合。

每个软件都有其独到之处，也难免有其软肋所在。总的来说，SAS、SPSS 和 Stata 是能够用于多种统计分析的一组工具。通过 Stat/Transfer 可以在数秒或数分钟内实现不同数据文件的转换。因此，可以根据你所处理问题的性质来选择不同的软件。在学习使用统计分析软件时，首先要弄清分析的目的，正确收集待处理和分析的数据（目的、影响因素的剔除），弄清统计概念和统计含义，知道统计方法的适用范围，然后选择一种或几种统计分析方法来探索性地分析数据，读懂计算机分析的数据结果，发现规律，得出分析。

因此，在生态学数据分析中，应根据自己的需要相应的选取合适的统计分析软件。对于常规数据分析，可通过简单的 Excel 进行运算。

6.2.4　R 语言

R 语言是由新西兰奥克兰大学的罗斯·伊哈卡（Ross Ihaka）和罗伯特·金特尔曼（Robert Gentleman）开发的，它是一套完整的数据处理、计算和制图的免费软件系统。R 语言是基于 S 语言的一个 GNU 计划项目，跟 S 语言有很多相通的地方，由于两位开发者的名字的第一个字母都是 R，所以统称为 R 语言。R 语言是一种新型的计算机语言，具备非常强大的数学统计分析和科学数据可视化功能，并提供各种数据处理、统计分析和图形显示工具。R 语言同时是一个开放的统计编程环境，可以方便地编写函数和建立模型，提供大量现成的扩展功能包，具有良好的扩展性，几乎可以完成所有的统计分析和作图。更重要的是，R 语言完全是免费的开源软件，并适用于多种操作系统。可以运行于 UNIX、Windows 和 Macintosh 的操作系统上，而且嵌入了一个非常方便实用的帮助系统，相比于其他统计分析软件，R 语言是一种可编程的语言并具有很强的互动性。它是一套完整的数据处理、计算和制图软件系统。

1. R 语言下载和安装

1）下载和安装

打开下载地址 R 语言首页（The R Project for Statistical Computing）网址→在左侧菜单栏 Download→CRAN→选择服务器，如选择中国科学技术大学的镜像→在 Download R for Linux、Download R for OS X、Download R for Windows 中选择，一般选择 for Windows→install R for the first time→Download R-4.3.0 for Windows→下载后进行安装→可在 C 盘或其他盘创建 R 目录，然后在该目录下安装。安装过程为：指定 R 目录→选择用户安装（选择默认勾选设置）→启动选项，选择默认→选择附加任务，按默认选择→下一步→结束。若担心在安装过程中出现问题，最直接的方法是接受所有的默认选项。

2）程序包

R 中的程序包有两种类型，即 R 底层包和需要手动下载安装的程序包。大部分程序包可以从 R 网站中下载进行安装。如需要安装进行排序分析的 Vegan 程序包，需要按下列步骤进行：

程序包→安装程序包→在出现的 Secure CRAN mirrors→在本例中选择 China（Hefei）→出现一个长长的 Packages 清单→从中选择 vegan→单击 vegan 即完成安装。

有些程序包可以下载到计算机后，再进行安装。也有些特殊或自编的 R 程序，如 coldiss.R，可以通过 source 加载，需要注意要加载的文件需在当前工作目录下。

2. R 程序的一般运行方法

可以直接在 R 语言的控制台中输入语句。但是一般情况下，建议先完成程序编写，运算时，再复制到控制台中。又或者可结合 Rtools 软件，直接于 Rtools 中编写程序并执行程序文件。另外，还可以直接应用 R 语言中的文本编辑器：File→New script→完成编辑后，另存为 R 格式对应的程序文件。以后运行此程序时只要从文件菜单中直接打开即可。

R 程序代码应该在英文语言环境下编写，中文状态下的标点符号无法识别。此外，在 R 程序代码中，英文字母的大小写也视为不同字符，不可以换用。

　　由于 R 语言对格式特别敏感，如括号的类型()、[]、{}等，如果错配，则无法正常运行。Tinn-R 是与 R 配套使用的一个免费的脚本编辑器，代码编辑过程中可以对错误的语法进行提示。完成编辑后，既可以将代码复制粘贴到 R 的控制台中进行运算，也可以单击按钮把代码发送给 R 程序。

　　3. R 语言中的数据类型

　　R 语言没有标量，它通过使用各种类型的向量来存储数据。表 1.2 是常用的数据类型（class）。

表 1.2　常用数据类型

序号	类型	说明
1	字符（character）	它们常常被引号包围
2	数字（numeric）	实数向量
3	整数（integer）	整数向量
4	逻辑（logical）	逻辑向量（TRUE=T、FALSE=F）
5	复数（complex）	复数
6	列表（list）	对象集合
7	因子（factor）	常用于标记样本

　　4. 数据处理

　　1）删掉缺失值

　　在 R 中使用 NA（not available）表示缺失值，要注意 R 语言中 NA 同样是一个逻辑值。

```
x<-NA
class(x)
```

　　故当判断是否相等时不能使用 x==NA 来判断缺失值。而是使用函数 is.na() 来判断是否为缺失值，并能通过 is.na()删除缺失值。

```
x[!is.na(x)]
```

　　2）将字符串转变为命令执行

　　这里用到 eval()和 parse()函数。首先使用 parse()函数将字符串转化为表达式（expression），而后使用 eval()函数对表达式求解。

```
x <-1:10
a<-"print(x)"
class(a) #显示变量 a 的数据类型为字符型(character)
eval(parse(text=a)) # 执行 print(x)
```

3）移除某行（列）数据

可以使用函数 subset(select=)；或者使用下标−c(1，2，3，…，k)删除矩阵中的 1，2，3，…，k 行或列：

```
x<-as.data.frame(matrix(1:30, nrow=5, byrow=T))
dim(x)
print(x)
new.x1<-x[−c(1,4),]
#row5
new.x2<-x[,−c(2,3)]#col
new.x1;new.x2
```

事实上，关于选取特定条件下的数据框数据，subset 函数与使用下标效果相同：

```
iS<-iris$Species=="setosa"
iris[iS,c(1,3)]
subset(iris,select=c(Sepal.Length,Petal.Length),Species=="setosa")
```

4）比较两个数据框是否相同

比较每个元素是否相同，如果每个元素都相同，那么这两个数据框也相同

```
a1<-data.frame(num=1:8,lib=letters[1:8])
a2<-a1
a2[[3,1]]<-2->a2[[8,2]]
any(a1!=a2) #判断矩阵 a1 是否是不等于 a2,若等于返回 False,若不等,返回 True
all(a1==a2) #判断矩阵 a1 是否等于 a2,若等于返回 True,若不等,返回 False
```

any()函数可以返回是值是否至少有一个为真的逻辑值。而数据框中的元素有不相等的情况，则

```
a1!=a2
```

将返回至少一个 TRUE，那么 any()函数将判断为 TRUE。同样也可以使用 identical()函数。

```
indentical(a1,a2) #若 a1 等于 a2 返回 True,若不等,返回 False
```

如果需要返回两个数据框不相同的位置，可以使用

```
which(a1!=a2,arr.ind=TRUE)
```

其中，arr.ind 参量是 array indices 之意，表示为返回数据框的行列位置。

5）对数列（array）进行维度变换

使用函数 aperm()对数列进行变换，如：

```
x<-array(1:24,2:4)
```

```
xt<-aperm(x,c(2,1,3)) #c(2,1,3)指把第一个维度和第二个维度换位置顺序
dim(x);
dim(xt)
```

6）对矩阵按行（列）作计算

使用函数 apply()

```
vec=1:20
mat=matrix(vec,ncol=4)
vec
cumsum(vec)
mat
apply(mat,2,cumsum) # 按行进行累加
apply(mat,1,cumsum) # 按列进行累加
```

7）对不规则数组进行统计分析

参考 tapply()：

```
n<-17;fac<-factor(rep(1:3,len=n),levels=1:5)
table(fac)
tapply(1:n,fac,sum)
tapply(1:n,fac,mean)
#or reverse a list
to<-list(a=1,b=1,c=2,d=1)
tapply(to,unlist(to),names)
```

tapply()常见于方差分析中对各个组别进行 mean、var（sd）的计算。说到概要统计，不得不说另外一个函数 aggregate()，它将 tapply()函数对象为向量的限制扩展到了数据框。

```
attach(warpbreaks)
tapply(breaks, list(wool, tension), mean)
aggregate(breaks, list(wool, tension), mean)
# from the help
aggregate(state. x77,list(Region=State. region, Cold=State. x77[, "Frost"]>130),mean)
```

5. 生态学相关的 R 语言扩展功能包

R 语言中提供了非常丰富的生态学功能扩展包。例如，ade4 包用于环境科学的探索性方法和欧几里得方法；adehabitat 包用于分析动物的栖息地选择和运动；

simecol 包用于模拟生态动力系统；CircStats 包和 circular 包用于圆周变量统计；
pastecs 包用于时空序列的分解和分析；vegan 包用于群落和植被生态学中的排序；
BiodiversityR 包提供了生物多样性和群落生态分析的图形用户界面；FD 包用于计
算功能多样性指数，如功能丰富度指数（functional richness index，FRic）、功能均
匀度指数（functional evenness index，FEve）和功能分散指数（functional dispersion
index，FDis）；Rcapture 包提供了标记重捕实验的对数线性模型；ape 包用于系统
进化分析；soil.spec 包用于土壤光谱分析；EcoHydRology 包用于构建复杂生态水
文关系的模型；cust Tool 包用于聚类分析。R 语言还提供了有关空间分析 Spatial、
多元统计 Multivariate、系统发售 Phylogenetics 和聚类 Cluster 的任务视图。此外，
R 语言里面与 GIS 数据相关的扩展功能包有 ade4 包、adehabitat 包、GRASS（地
理信息系统和 R 语言之间的交互）包、mapdata（外加地图）包、mapproj（地图
投影）包、maptools（读入和处理 shapefile 文件的工具）包、PBSmapping（太平
洋生物站地图工具）包、Shapefiles（ESRI shapefile 文件读写）包、sp（空间数据
类和方法）包、spatial（地统计和点格局分析）包、spatstat（空间点格局分析、
模型拟合和仿真模拟）包、spdep（空间依赖性分析）包。

第7章　实验报告的撰写

实验报告是把实验研究的目的、方法、过程、结果等记录下来，经过分析和整理而写成的书面材料。实验报告具有情报交流和保留资料的作用。实验报告的撰写是一项重要的基本技能训练，是一种对实验数据的再创造过程。它不仅是对某次实验结果总结，可以加深对所学理论知识的理解，使理论与实践紧密结合，更重要的是它可以初步地培养和训练学生的科学归纳能力、综合分析能力和文字表达能力，是科学论文写作的基础。此外，成功的或失败的实验结果的记录，有利于实验者发现自己实验研究过程中的问题和漏洞，从而提高自己的实验水平，改进今后的实验工作。

7.1　实验报告的特点

实验报告的特点体现在科学性、创造性、学术性、理论性、可读性和规范性几个方面。

1. 科学性

科学性是科学研究成果的生命所在，它包括以下几个方面。

① 内容和结果的科学性：表现为实验报告的内容和结果是真实的，不弄虚作假，是可以复现的成熟理论、技术等，结论经得住任何人的重复和验证。

② 表述的科学性：表现为表述得准确、明白，这是表达最基本的要求，语言的使用上要贴切，没有疏漏、差错或歧义。概念表述要科学明确，表述数字要准确。

2. 创造性

创造性是科学研究的灵魂，即要有所发现、有所创造、有所前进，要以科学的、实事求是的、严肃的态度提出自己的新见解，总结前人没有发现过的新理论或新知识，而不是简单重复、模仿、因袭前人的工作。

3. 学术性

实验本质特征是学术性，要有一定的理论高度，要分析带有学术价值的问题，要研究某种专门的、有系统的学问，要引述事实和道理去论证自己的新见解。

4. 理论性

实验报告要将实验、观测所得的结果，从理论高度进行分析，要把感性认识上升到理论认识，进而找到带有规律性的东西，得出科学的结论。实验报告所表述的发现，不但要具有应用价值，还应有理论价值。

5. 可读性和规范性

实验报告必须按照一定格式撰写，要具有可读性。要文字通顺，语言准确，条理清楚，层次分明，论述严谨。名词术语、数字和符号的使用，图表的设计，计量单位的使用，文献的引用格式等都应符合规范。

7.2　实验报告的内容

1. 实验名称

每篇实验报告都要有标题。标题要用最简练的语言反映实验的内容，标题应简洁、鲜明、准确，直接反映所研究的对象、范围、方向和问题。

2. 实验基本信息

包括所属课程名称，学生姓名，学号，合作者相关信息，指导教师姓名，实验日期和地点。

3. 实验目的

实验目的撰写要简洁明了。实验目的主要包括通过实验理解或掌握某些生态学理论、实验技能、实验方法以及具体应用应达到的程度，主要培养学生哪些方面的素质和能力。

4. 实验原理

实验原理是进行实验的理论基础，它必须要遵循科学性原则。实验中涉及的实验设计依据必须是经前人证明的科学理论。实验原理不仅是实验设计的依据，还是分析实验现象与解释实验结果的依据。因此，要说明本实验所依从的生态学具体原理。

5. 实验场地环境、器材、试剂、材料等

须详细介绍实验场地环境的背景情况、所用材料、主要仪器设备、试剂、实验设计等。

6. 实验步骤与方法

根据自己实验的实际操作，写出主要操作步骤，简明扼要，不用照抄实验指导。同时，还应该画出实验流程图或实验装置的结构示意图，再配以相应的文字说明，这样既可以节省许多文字说明，又能使实验报告简明扼要，清楚明了。

7. 实验结果

实验结果是实验报告的核心内容，是研究的原始数据，以备分析时参考，由此引发讨论，得出结论。要求简明扼要地说明每一结果与研究假设的关系，并对实验现象加以描述，实验数据进行处理等。实验结果可选用适当的表格、图表、曲线的方式，加上必要的简明扼要的文字叙述表达。

8. 分析讨论

分析讨论紧接实验结果，也可将实验结果和分析讨论合在一起。分析讨论要根据相关的理论知识和他人（或前人）的相关研究结果，对自己得到的实验结果进行解释和分析。此外，还需将自己的研究结果与其他同类研究结果进行比较，分析其异同及其产生的原因，或者通过比较，提出对某个问题新的解释或新的结论。另外，也可写一些本次实验的心得以及提出一些问题或建议等。

9. 结论

结论是对整篇实验报告的主要内容和主要论点进行概括性总结，不是具体实验结果的再次罗列，也不是对今后研究的展望。结论是针对实验所能验证的概念、现象或理论的简明总结，是从实验结果中归纳出一般性、概括性的判断，要简练、准确、严谨、客观。

10. 其他附件材料

如实验注意事项、参考文献或原始记录的附录等。

第 8 章 研究论文的撰写

生态学研究包括实验设计、采样、观测、分析数据，最后将研究结果以论文的形式呈现出来，并在论文中对结果进行深入分析。研究论文主要是把自己的实验过程和研究结果记录下来，并讨论其中内在的生态学问题或思想。因此，研究论文应简洁、明确、清楚，便于与他人的工作进行比较和交流。

8.1 研究论文的结构

研究论文的一般框架主要包括题目、署名、摘要、关键词、前言、正文、结论、致谢、参考文献等。

1. 题目

题目是论文的高度概括。论文题目要吸引人，突出主题、精确、精练、鲜明和新颖，题目应包含所有关键词。

2. 署名

包括作者姓名和工作单位。署名作者应是设计和执行实验、对论文有重要贡献的人。署名可以是个人作者、合作者或团体作者。论文联合署名时，作者按照对该文的贡献大小排序。通讯作者是该论文的总负责人。所属单位指的是执行论文中所描述研究工作的学术单位。在书写时要注意单位名称要完整、唯一。具体格式应按照所投刊物的要求去做。

3. 摘要

摘要是整篇论文的缩影，以便读者确定有无阅读价值。摘要一般包括研究目的、研究对象、研究方法、研究结果、所得结论等几项内容。摘要的长度一般为 150～300 字，应突出论文重点、语句精练、结构紧凑、论点清晰和具有逻辑性。

4. 关键词

关键词的作用是便于主题索引和读者了解论文的主题。关键词一般 3～10 个，必须是规范科学的名词术语，关键词中英文要一一对应。

5. 前言

前言又称引言、序言等，是正文最前面一段纲领性、序幕性和引导性的短文，主要说明文章要研究什么问题，为什么要研究这个问题，并对该方面的国内外研究背景作一个简单介绍。

6. 正文

正文是论文的主体部分和核心内容。正文的主要内容包括研究材料和方法、研究结果、讨论。在材料和方法部分，应对该项研究中所使用的主要材料及其规格和来源，实验设计和处理、主要方法和步骤做尽可能详细的描述，以便读者据此描述做重复实验。但对于大家熟悉的一些步骤或在其他论文中已有详细描述的实验方法，可简略，仅提供参考文献即可。生态学野外研究一般还要对研究地点的环境特点作一个介绍。在结果部分，要如实描述自己的观测结果。结果通常要经过统计分析处理，以图表的形式清楚、形象地呈现出来，而不要简单罗列原始观测数据。图表要清晰、美观、能够用图明确表现的就不用表；每个图表都要按照顺序标号，并有图题和表题；图的两个坐标轴要对其所代表数据的性质和单位完整标注。此外，还应对结果进行讨论。结果部分主要呈现和描述结果，明确告诉读者从结果中发现了什么。讨论部分紧接结果部分，也可将两部分合在一起。讨论部分是对结果进行深入分析和评价。总之，正文应充分阐明论文的观点、原理、方法和达到预期目标的整个过程，并要体现作者研究的学术性、创造性和科学性。

7. 结论

结论是整篇论文最后的总结性文字，是论证的结果。论证的内容不要只是罗列结果，还应指明实验结果说明和解决了什么问题，实事求是地提出本研究的限度、缺点和疑点，并加以分析和解释。结论要有严密的逻辑性，措辞准确、严谨。行文要简明扼要。如有难以作出明确答复的问题，要说明原因，以便后人继续研究。

8. 致谢

致谢应以简短的文字对课题研究与论文撰写过程中提供资金支持和帮助的个人或单位表示感谢。

9. 参考文献

致谢后面紧接参考文献，是为了标明论文中的某些论点、数据与方法的出处，有助于反映论文的科学性，也是尊重他人研究成果的表现。不同杂志对参考文献的格式有不同要求，应按照相应要求列出。

8.2　论文写作中要注意的问题

研究论文写作要用词简单、明确，条理清楚，尽量不用长句子，避免重复和啰嗦。尽量使用第一人称，如"我"或"我们"（I or We），避免使用间接词汇，如"本作者"（this author）或被动语态（the experiment was done by...）。尽量不用或少用难懂的专业术语。对所研究的生物不要只用拉丁语，在文中第一次出现时给出通俗名和拉丁学名，以后仅用通俗名称即可。拉丁学名（属名、种名要用斜体字母，而属以上的分类单元如科、目、纲等用正体）。

论文一定要对自己的数据进行分析、评价和解释，不要只是罗列结果，更不要有意忽视那些与教科书或别人的报道不一样的结果。如果经过重复实验证明你的实验方法等没有错误，就要相信自己结果的正确性。不要随意根据自己的期望选择或丢弃数据。任何对数据的主观取舍或修改都是不可取的，可能导致错误结论。更不能捏造或抄袭别人的数据，必须要遵守科研道德。

第二部分　基础性实验

第9章 个体生态学

实验1 鱼类对温度、盐度和 pH 耐受性的观测

【实验目的】

1. 了解测定生物对生态因子耐受范围的方法。

2. 认识影响鱼类耐受能力的因素，结合其分布生境与生活习惯，加深对谢尔福德耐受性定律的理解。

【实验原理】

不同的生物对温度、盐度、环境 pH 等生态因子有不同的耐受上限和下限，上限、下限之间的耐受范围有宽有窄，且生物对不同生态因子的耐受能力随生物种类、个体类型、年龄、驯化背景等因素而变化。当多种生态因子共同作用于生物时，生物对各因子的耐受性之间密切相关。

【实验材料与设备】

1. 实验材料

（1）实验动物：选择常见水生脊椎动物，如金鱼、蝌蚪等小型动物。从实验动物的易取性或经济角度考虑，也可选择河虾作为实验材料。本实验以金鱼为例。

（2）试剂：食盐、2 mol/L HCl 或 NaOH 溶液。

2. 仪器和设备

水族箱、光照培养箱、温度计、天平、纱布等。

【实验步骤】

1. 鱼类对温度耐受性的观测

（1）建立 5 个环境温度梯度，分别为 5℃、10℃、20℃、30℃、40℃。

（2）选择健康且大小相近的金鱼若干条，称量并记录其体重。

（3）挑选 50 条体重、大小相近的金鱼，分为 5 组，每组 10 条，分别置于 5

个温度梯度下，持续 30 min。

（4）观察动物的活动以及死亡情况。如果在某一温度下，动物出现行为异常或死亡，则需观察在该温度条件下动物死亡数达到 50%所需要的时间。

（5）在表 2.1 中记录金鱼在不同温度条件下行为异常或死亡的情况。

表 2.1   不同温度下金鱼行为异常或死亡情况记录表

异常或死亡个体编号	体重/g	驯化温度/℃	行为观测	死亡时间/min

2. 鱼类对盐度耐受性的观测

（1）盐度梯度的建立。一般说来，地球上海水的盐度为 16‰～47‰（一般为 35‰），而淡水的盐度只有 0.01‰～0.5‰，两者相差悬殊。从淡水直到盐度为 47‰的海水，都有鱼类分布。按生活水域的盐度不同，鱼类可分为以下 3 类。

①海水鱼类：它们适应于盐度较高的海水水域，通常为 16‰～47‰。

②咸淡水鱼类：它们适应于河口咸淡水水域，水的盐度为 0.5‰～16‰。

③淡水鱼类：它们适应于淡水水域，水的盐度低而稳定，一般为 0.02‰～0.5‰。

按如下所示建立盐度梯度。

高渗环境梯度（以曝气后自来水配制食盐溶液）：10‰、20‰、30‰、40‰（也可根据实验材料的不同，参照预实验的情况，设置适宜的盐度梯度）；并以蒸馏水（或 1‰盐浓度）为低渗环境，作为对照组。

（2）实验动物称重。挑选体重、大小相近的 50 条金鱼，随机分为 5 组，计算每组鱼平均体重（±0.01 g）。

（3）将 5 组鱼分置于上述盐度水体内，观察行为 30 min。

（4）观察动物的活动以及死亡情况。如果在某盐度环境下，动物出现行为异常或死亡，则需观察在该盐度环境中动物死亡数达到 50%所需要的时间。

（5）在表 2.2 中记录金鱼在不同盐度环境中行为异常或死亡的情况。

表 2.2   不同盐度环境中金鱼行为异常或死亡情况记录表

异常或死亡个体编号	体重/g	环境盐度/‰	行为观测	死亡时间/min

3. 鱼类对 pH 耐受性的观测

（1）建立 5 个 pH 梯度，分别为 3、5、7、9、11。

（2）选择健康且大小相近的金鱼若干条，称量并记录其体重。

（3）挑选 50 条体重、大小相近的金鱼，分为 5 组，每组 10 条，分别放入所设置的 5 个 pH 梯度的环境中，持续 30 min。

（4）观察动物的活动以及死亡情况。如果在某 pH 环境中，动物出现行为异常或死亡，则需观察在该 pH 环境中动物死亡数达到 50% 所需要的时间。

（5）在表 2.3 中记录金鱼在不同 pH 环境中行为异常或死亡的情况。

表 2.3　不同 pH 环境中金鱼行为异常或死亡情况记录表

异常或死亡个体编号	体重/g	环境 pH	行为观测	死亡时间/min

【实验注意事项】

1. 选择动物时，尽量保证各组动物的体重、大小相近。

2. 如果动物出现立即死亡的情况，则需要适当调整温度、盐度和 pH。

3. 在盐度和 pH 耐受性实验中，各组处理的水温应保持一致。

【思考题】

1. 你所观测到的鱼类对温度、盐度、pH 的不同耐受性与该种鱼类的生境和分布有何关系？

2. 如果在 20‰ 的盐度条件下对淡水鱼类重复上述温度梯度实验，结果会有变化吗？如何变化？

实验 2　光质对植物形态生长的影响

【实验目的】

1. 了解光质对植物形态生长的影响。
2. 认识不同光质对植物形态生长的促进或抑制作用。

【实验原理】

光质是指太阳辐射的光谱成分。植物的生长发育是在日光的全光谱照射下进行的。一般来说，绿色植物只有当处在可见光的大部分波长的组合中才能正常生长，特别是在全光谱的日光下植物干重的增加最大。许多实验证明，光质对植物的生长发育至关重要，不同波长的光对植物的光合作用、色素形成、向光性、形态建成的诱导等的影响是不同的。用不同颜色的玻璃或塑料薄膜覆盖植物，人为地调节可见光的成分，可以提高植物培育质量。

【实验材料与设备】

1. 实验植物

生长良好、长势一致的杜鹃花或其他植物（同期组培苗最好）。

2. 仪器与设备

透明的聚酯薄膜（颜色为红色、黄色、绿色、蓝色、紫色、黑色和无色 7 种）、双光束分光光度计。

【实验步骤】

1. 选择 21 盆生长良好、长势一致的杜鹃花或其他植物，分成 7 组，每组 3 个重复。

2. 经用双光束分光光度计测定，红色薄膜透过的红光光谱波长为 640～750 nm；黄色薄膜透过的黄光光谱波长为 550～600 nm；绿色薄膜透过的绿光光谱波长为 480～550 nm；蓝色薄膜透过的蓝光光谱波长为 450～480 nm；紫色薄膜透过的紫光光谱波长为 400～450 nm。

3. 每组用一种颜色的塑料薄膜将每盆杜鹃花或其他植物框住，进行不同光质的处理，处理时间约 2 个月。

4. 在进行光质处理前后，每隔 3 天进行一次测量，记录其生长状况，包括植株的高度、冠幅、枝叶数量及颜色、是否有花蕾、萎蔫情况等。

5. 将不同光质对植物形态生长的影响记录在表 2.4 中。

表 2.4　不同光质对植物形态生长的影响记录表

光质	红光		黄光		绿光		蓝光		紫光		全光		无光	
	初期	后期	初期	后期	初期	后期	初期	后期	初期	后期	初期	后期	初期	后期
株高/cm														
冠幅/cm														
枝叶数/条														
枝叶颜色														
有无花蕾														
萎蔫情况														

【实验注意事项】

1. 实验材料的选择为生长良好、长势一致的植物，以确保实验结果的代表性。
2. 实验处理时间不能太短，否则不易观测到结果。

【思考题】

1. 光质对植物形态生长产生影响的机制是什么？
2. 除了所观测的指标外，光质还可能对植物的生长发育产生哪些影响？

实验 3　光周期对动物生长发育的影响

【实验目的】

1. 了解光周期对动物生长发育的影响。

2. 锻炼学生的实验动手能力，培养学生合理设计实验方案的能力，包括在实验设计时要考虑的对象生物、可利用的时间、空间、材料和经费。

3. 培养学生提出问题、分析问题和解决问题的能力，以及掌握实验观测的方法。

【实验原理】

光周期是影响动物行为与生理活动的重要因子。许多动物的行为（如运动和捕食）与生理活动随光的变化具有明显的节律性，还有多种动物以光周期的变化为信号，启动换毛、换羽、迁移、发情或性腺发育。但也有许多动物对光周期的变化不敏感，这与动物所处生境及动物的生存策略有关。

【实验材料与设备】

1. 实验动物

幼龟或鳖、幼鱼（草鱼、鲤鱼、鳙鱼、斑马鱼）、幼鼠。

2. 仪器与设备

饲育槽、灯泡、定时器、天平、解剖用具等。

【实验步骤】

1. 实验前一周进行分组，每组抽取一种实验动物，根据研究问题和实验室器材，查阅文献进行实验设计。

2. 实验时，各组学生首先报告自己的实验设计方案，大家讨论其合理性。然后各组根据自己的设计方案开始实验。在不同光周期实验处理下饲育动物，每天投喂一次，组中成员可轮流负责饲喂动物的工作。实验持续 2～3 周。

3. 实验结束后各组汇报自己的研究结果，讨论实验中出现的问题并分析原因，最后提交实验报告或研究小论文。

【实验注意事项】

1. 根据研究目的和自己所掌握的文献资料对研究结果做一个预期，提出自己实验要论证的假说，如本实验中，H_0 光周期对鱼的生长没有影响，H_1 光周期对鱼的生长影响显著。

2. 根据资料设定实验处理条件，如在本实验中，设定对照组的光暗时数为 12 h∶12 h，实验组为黑暗组、长光照组和短光照组，注意实验组中的平行设计。

3. 确定实验方法与步骤，根据文献资料确定恰当的观测指标，如本实验中，以特殊生长率（SGR）[①]为生长指标，以性腺重量/体重为性腺发育指标。

4. 采用适当的统计工具分析自己所得的实验数据，评价数据的可信度，分析实验误差产生的原因。

5. 实验设计开始前可列一个大纲，内容包括实验人、日期、生物、实验过程中的生态因子、实验观测环境因子、实验处理条件、动物观测指标、实验动物在其自然生境中所经历的受试环境因子的变化等。

【思考题】

1. 光周期对动物行为或生理活动产生影响的机制是什么？
2. 除了所观测的指标外，光周期还可能对实验动物的哪些性状产生影响？

---

① $SGR=(\ln W_1 - \ln W_0)/(T_1 - T_0)$，其中 W_1、W_0 为终末和初始鱼体湿重（g），T_1、T_0 为终末和初始实验时间（d）。

实验4 环境温度对动物体温的影响

【实验目的】

1. 了解环境温度对不同种动物体温的影响。
2. 学习单因子实验设计与观测的基本方法。
3. 了解本实验中除温度外其他影响动物体温的因素。

【实验原理】

变温动物的体温随环境温度的变化而变化，恒温动物的体温在一定环境温度范围内可保持恒定。环境温度对体温的影响与动物种类、个体年龄及性别、个体差异、体表覆盖物的性质和干湿度等因素有关。

【实验材料与设备】

1. 实验动物
小白鼠、蟾蜍。
2. 仪器与设备
光照培养箱（0～50 ℃）、数字温度计、天平、纱布、鼠笼或小铁丝笼等。

【实验步骤】

1. 建立4个环境温度梯度，分别为5℃、15℃、25℃、35℃。
2. 对实验动物分别称重，判断性别，测量体温，记录体表覆盖物情况及干湿度（能够判定性别和年龄的一定要记录，不易判别的可忽略）。
3. 把实验动物分别暴露在各个温度梯度下20 min或30 min，观察动物在不同环境温度下的行为反应，然后分别用数字温度计测体温，结果记录在表2.5中。

表2.5 环境温度对动物体温的影响记录表

动物名称	性别	年龄	实验前体重/g	实验后体重/g	实验前体温/℃	在不同环境温度下的体温/℃			
						5	15	25	35

【实验结果与分析】

1. 观察动物体温与环境温度之间的关系，以环境温度为横坐标、动物体温为纵坐标作图并进行分析。

2. 综合各组实验结果，分析各组间结果的异同，讨论会影响温度对动物体温影响结果的因素并判断其影响。

【实验注意事项】

抓动物时一定要戴手套，防止被咬伤。

【思考题】

1. 如果用剃刀将小白鼠的部分体毛剃掉，再进行类似实验，其体温变化与有体毛者会有差异吗？如果有，会有怎样的差异？

2. 如果给蟾蜍提供比较复杂的环境，如水、遮蔽物等，在不同温度下，其群体平均体温与均一环境下的群体平均体温相比有无变化？如果有，会怎样变化？

实验5　植物生长发育有效积温的测定

【实验目的】

1. 掌握测定有效积温的方法。
2. 加深温度因子对植物生长发育影响的了解。

【实验原理】

温度与植物生长发育的关系一方面体现在某些植物需要经过一个地温"春化"阶段，才能开花结果，完成生命周期；另一方面反映在有效积温法则上。有效积温法则的主要含义是植物在生长发育过程中，必须从环境中摄取一定的热量才能完成某一阶段的发育，而且植物各个发育阶段所需要的总热量是一个常数。有效积温法则不仅适用于植物，也可应用到昆虫和其他一些变温动物。

【实验材料与设备】

1. 实验材料

（1）种子：根据当地环境情况和实验条件选择合适的植物种子。本实验可用当年生大豆、玉米或者豌豆种子。

（2）培养用沙：采用细沙进行培养，沙子用清水洗净，去除沙子中的有机质和可溶性矿物成分。

2. 仪器和设备

一次性塑料花盆（盆口直径约10 cm）、滤纸、光照培养箱、温度计、铲子等。

【实验步骤】

1. 预处理

（1）种子的预处理：取100粒饱满的大豆种子，用纱布包好。取1只200 mL的烧杯，倒入适量温水，常温下浸泡种子1天，然后把水倒掉，使种子处于湿润又透气的状态，放入25 ℃培养箱中催芽。

（2）器皿准备：准备10个一次性塑料花盆，每5个1组，在每个花盆底部垫上2片滤纸，分别按照以下要求贴好标签。

25 ℃光照培养箱中培养：A1、A2、A3、A4、A5；

带回寝室或实验室变温条件下培养：B1、B2、B3、B4、B5。

取实验用沙,将洗净的沙子装入准备好的花盆,每盆装深度 6 cm 左右的沙子。

2. 种子的培养

选取经过预处理的饱满、均匀的种子,分别放入准备好的花盆中,每盆 10 颗种子,并在种子上均匀覆盖 1~2 cm 的沙子。每组 5 盆,其中一组放入光照培养箱,在 25 ℃、500 lx 光照条件下培养;另一组 5 盆带回寝室或实验室,在变温条件下培养,每天分时段用温度计测量并记录即时温度。每天适量浇水 1 次,使土壤保持一定湿度。每天记录温度、生长情况和各生育期,包括种子出苗、子叶展开、长出第一片真叶、第一对真叶展开的天数。本实验在各组 80%的植株的第一对真叶完全展开后结束,记录所用的天数(或时数)、处理的平均温度。

本实验也可采用未经过预处理的种子,每盆放入 15 颗种子,当种子发芽后拔除多余的植株,使每盆保持 10 棵长势类似的植株。

3. 实验记录

实验结束后,计算有效积温和大豆发育的起始温度,并将处理结果记入表 2.6。

表 2.6　实验结果记录表

分组	平行	种子数/个	平均温度/℃	从播种到第一对真叶完全展开的天数/d
A	A1	10	25	
	A2	10	25	
	A3	10	25	
	A4	10	25	
	A5	10	25	
B	B1	10		
	B2	10		
	B3	10		
	B4	10		
	B5	10		

【实验结果与分析】

在两种实验温度(T_1 和 T_2)下,分别观察和记录相应的发育时间 N_1 和 N_2。用公式 $K_1=N_1(T_1-T_0)$ 和 $K_2=N_2(T_2-T_0)$,求出 T_0(发育起始温度)和 K_1、K_2(有效积温)。

【实验注意事项】

1. 注意重复处理的培养盆之间是否存在长势上的差异。若差异不大,则取其平均数;若差异过大,则重新再做一次处理。

2. 因种子生长状况受许多条件的影响,本实验在各培养组 80%的植株第一对真叶完全展开时结束。

3. 每天分时段测量温度时，时段可以长短不一，但每个时段内温度的变化幅度应尽可能小。计算该时段积温时，只要将时段长度与所测温度相乘即可。

【思考题】

1. 有效积温对植物的生长发育有什么影响？

2. 不同地区植物的有效积温为什么不同？

实验 6　环境因子对植物解剖结构的影响

【实验目的】

1. 掌握生长在不同环境下的植物的解剖结构特点。
2. 理解植物的解剖结构特点对植物生长发育及其对环境适应的意义。

【实验原理】

植物生长发育受到各种环境因子的影响，其中水分是植物生长发育的重要因子，根据植物与生长环境的关系，把植物分为水生植物、中生植物和旱生植物，后两者又合称为陆生植物。水生植物生长在水中，依据其生活型又可分为沉水植物、浮水植物和挺水植物。生长在不同环境中的植物，在演化过程中会形成一些适应环境的结构特征，其中以叶的结构变化最为显著。

【实验材料与设备】

1. 植物材料

眼子菜叶横切永久制片、睡莲叶横切永久制片、苇叶横切永久制片、夹竹桃叶横切永久制片、荆条叶横切永久制片、芨芨草叶横切永久制片、芦荟叶横切永久制片；眼子菜茎横切永久制片、狐尾藻茎横切永久制片、黑三棱茎横切永久制片；苇根横切永久制片。

2. 仪器和设备

显微镜、载玻片、盖玻片、双面刀片、毛笔、培养皿、滤纸、滴管等。

【实验步骤】

1. 水生植物叶的结构

（1）眼子菜（沉水植物）叶横切永久制片观察

表皮无角质膜，也没有气孔器，但表皮细胞中含有叶绿体。叶肉细胞不发达，仅由几层没有分化的细胞组成，没有栅栏组织和海绵组织的分化。在靠近主脉处，叶肉细胞形成大的气腔。叶脉的木质部导管和机械组织都不发达。

（2）睡莲（浮水植物）叶横切永久制片观察

上表皮具角质膜，并有气孔器分布，细胞中没有叶绿体；下表皮没有气孔器，细胞中有时含有叶绿体。叶肉有明显的栅栏组织和海绵组织的分化，栅栏组织在上方，细胞层数多，有 4～5 层细胞，含有较多的叶绿体；海绵组织在下方，形成十分发达的通气组织，其中有星状石细胞分布。在栅栏组织和海绵组织之间有小的维管束，海绵组织中的维管束较大，维管组织特别是木质部不发达；大的叶脉维管束包埋在基本组织中，在维管束和下表皮之间有机械组织分布。

（3）苇（挺水植物）叶横切永久制片观察

表皮细胞外具有较厚的角质层；在表皮中有成对的保卫细胞形成的气孔器，上表皮气孔器少，而下表皮较多；上表皮中还有一些体积较大的细胞，常几个连在一起，中间的细胞最大，叫泡状细胞，分布在上表皮肋状突起间的凹陷处。叶肉没有栅栏组织和海绵组织的分化，细胞比较均一，细胞内均含有叶绿体。叶脉维管束外有两层维管束鞘，外层细胞较大，壁薄，含有叶绿体；内层细胞小，壁厚。维管束的上、下两侧具有厚壁细胞，一直延伸到表皮之下。

2. 旱生植物叶的结构

（1）夹竹桃（硬叶植物）叶横切永久制片观察

表皮外有厚的角质膜，表皮细胞为 2～3 层细胞形成的复表皮，细胞排列紧密，细胞壁厚；下表皮有一部分细胞构成下陷的窝，窝内有表皮细胞形成的表皮毛，毛下有气孔分布。在上、下表皮之内都有栅栏组织，栅栏组织由多层细胞构成，细胞排列非常紧密，胞间隙少；海绵组织位于上、下栅栏组织之间，细胞层数较多，胞间隙不发达。在叶肉细胞中常含有簇晶。叶脉维管束发达，主脉很大，为双韧维管束。

（2）荆条（薄叶植物）叶横切永久制片观察

叶上、下表面均有覆盖物，上表皮形成单细胞的毛；下表皮为单列细胞的毛，弯曲后彼此重叠；气孔器分布在下表面。栅栏组织发达，多层细胞紧密排列，胞间隙少；海绵组织胞间隙不发达，但在气孔下方有大的孔下室。叶脉维管束分布密集，主脉及较大的维管束上下方有机械组织分布，小脉的维管束鞘一直延伸到表皮下。

（3）芨芨草（卷叶植物）叶横切永久制片观察

叶中大小不同的维管束交替排列，大维管束的部分在近轴面形成隆起，而小维管束的部分在近轴面形成凹陷，这样在两个大维管束之间产生了沟。表皮具厚的角质膜，在隆起处最厚，沟底和沟的两侧相对较薄；气孔器和表皮毛也分布在沟底和沟的两侧；表皮细胞细胞壁厚，但在大小叶脉之间的上表皮细胞为薄壁的泡状细胞。叶肉没有栅栏组织和海绵组织分化，在隆起处表皮下为几层厚壁细胞，同化组织分布在沟底和沟两侧的表皮下，细胞排列紧密。叶脉维管组织发达，有明显的维管束鞘，大小维管束鞘向下延伸至表皮下，但小维管束上方为同化组织，而大维管束鞘则向上延伸至表皮下的厚壁细胞。

（4）芦荟（多浆植物）叶横切永久制片观察

表皮细胞壁厚，有厚的角质膜，并有气孔器分布。表皮下为几层细胞组成的同化组织，在同化组织之内是一些大而无色的薄壁细胞，为储水组织。在同化组织和储水组织之间有一轮维管束分布，其维管组织和机械组织均不发达。

3. 水生植物茎的结构

（1）眼子菜茎横切永久制片观察

表皮细胞呈砖形，有薄的角质膜，其内常有叶绿体。皮层细胞中亦含叶绿体，分布有发达的通气组织；有明显的内皮层，其上有凯氏带加厚。维管束中木质部退化，导管壁薄或形成由一圈木薄壁细胞包围的空腔。髓薄壁细胞排列疏松。

（2）狐尾藻茎横切永久制片观察

同为沉水植物，狐尾藻茎与眼子菜茎不同。狐尾藻的皮层在茎中比例较大，表皮下有几层退化的厚角组织，厚角组织内形成一圈轮辐状的通气组织。中柱的结构与中生植物相似，有发达的木质部。

（3）黑三棱（挺水植物）茎横切永久制片观察

表皮及表皮下的厚角组织与一般单子叶植物茎类似，不同的是基本组织中形成了发达的通气组织，维管束散生在通气组织中。

4. 水生植物根的结构

苇根横切永久制片观察

与其他中生植物不同的是，苇根皮层外侧有一圈厚壁组织环，环下的皮层细胞形成了发达的通气组织，而内皮层的五面加厚及中柱结构与一般单子叶植物根结构相似。

【思考题】

1. 沉水植物、浮水植物和挺水植物叶在结构上分别有哪些特点？这些特点是如何与其所处的环境相适应来满足植物生长发育需要的？

2. 旱生植物叶在结构上出现哪些适应环境的特征？这些特征在植物抵御干旱环境中的作用是什么？

实验 7 模拟酸雨对植物生长的影响

【实验目的】

1. 了解酸雨对植物生长发育的影响。

2. 锻炼学生的实验动手能力，培养学生设计合理实验方案的能力，包括在实验设计时要考虑对象生物、可利用的时间、空间、材料和经费。

3. 培养学生提出问题、分析问题和解决问题的能力，以及掌握实验观测方法。

【实验原理】

酸雨是指 pH 小于 5.6 的雨水、雪、雹、雾等大气降水。形成酸雨的主要物质是大气层中的二氧化硫和二氧化氮。大量的环境监测资料证明，大气中来源于煤和石油燃烧产生的二氧化硫和二氧化氮的含量在增加，地球大部分地区上空的云雨正在酸化，如不加以控制，酸雨区的面积将继续扩大，给人类带来的危害也将与日俱增。酸雨对环境的危害包括森林退化，湖泊酸化，鱼类死亡，水生生物种群减少，农田土壤酸化、贫瘠，有毒重金属污染增强，粮食、蔬菜、瓜果大面积减产，花卉商品价值降低等。

西南地区是酸雨危害的重灾区，可通过观测酸雨对植物生长发育的影响，使人们认识到酸雨的危害性，呼吁大家爱护环境、保护地球。本实验让学生自行设计实验方案，观测酸雨对植物生长发育的影响。

【实验材料与设备】

1. 实验材料

（1）植物：天南星科花卉（红掌 *Anthurium andraeanum*、绿巨人 *Spathiphyllum*、白掌 *Spathiphyllum floribundum* 等），龙血树属花卉（山海带 *Dracaena cambodiana*、也门铁 *Dracaena arborea* 等），橡胶榕 *Ficus elastica*，各种草花。

（2）试剂：pH 1.0 的硫酸溶液、乙醇、醋酸双氧铀、柠檬酸铅、1%锇酸双固定液、盐酸。

2. 仪器与设备

小型喷雾器、徕卡-S 型超薄切片机、TEM-1010 型透射电子显微镜、pH 计等。

【实验步骤】

以下方法仅供学生在设计实验时作为参考。

1. 花卉叶片受害症状实验

用 pH1.0 的硫酸溶液加自来水配制成 pH 分别为 1.0，2.0，3.0，4.0，5.6 的 5 个酸度梯度溶液，以自来水作为对照进行实验。选用长势基本相同的天南星科阴生花卉 12 盆，分成 6 组，每组 2 盆；每天分别用上述配制的 5 个酸度梯度溶液和自来水喷淋 1 次，连续喷淋 3 天。处理后 10～15 天开始检查植株出现病斑的情况。

2. 观察叶片结构的变化

将上述几种花卉叶片置入 pH 分别为 1.0，2.0，3.0，4.0，5.6 的盐酸中浸泡 0.5～1 h 后用清水洗净，然后用 1% 锇酸双固定液，经浓度分别为 30%、50%、70%、80%、90%、100% 的乙醇进行梯度脱水后，用 EP812 包埋。徕卡-S 型超薄切片机切片，醋酸双氧铀、柠檬酸铅双染色后，在 TEM-1010 型透射电子显微镜上观察细胞结构的变化并拍照。对照实验用自来水（pH 为 6.5～7.0）代替酸性溶液处理。

【实验注意事项】

1. 不同品种的花卉抵抗酸雨伤害的能力有较大的差别，叶片较厚、表层有丰富蜡质的植物（如橡胶榕）抵抗酸雨伤害的能力较强。同一种植物品种，幼嫩的叶片比老叶更易受到伤害，在实验过程中要注意观察幼嫩叶片出现病斑的时间和症状。

2. 酸雨对植物叶片的破坏，首先是破坏细胞内的叶绿体和线粒体，使其叶绿体和线粒体变形，从而影响了植物正常的生长发育。在透射电子显微镜下，正常的植物叶绿体呈圆盘形，它的外面有双层膜，内部含有基粒，基粒由片层重叠而成。正常的植物线粒体呈粒状、棒状，它具有双层膜结构，内膜向其内腔折叠形成嵴。在实验中注意观察受酸雨危害的叶片和正常叶片中的叶绿体和线粒体的形态结构变化。

【思考题】

1. 酸雨是如何影响植物生长发育的？
2. 酸雨是如何形成的？

第10章　种群生态学

实验8　植物种群空间分布格局的测定

【实验目的】

1. 认识群落中不同种群个体空间分布表现出的不同类型（随机分布型、集群分布型、均匀分布型）。
2. 掌握检验植物种群空间分布格局的方法。

【实验原理】

组成种群的各个体在水平空间中的分布方式或配置状况，称为种群空间分布格局。它是植物种群生物学特性对环境条件长期适应和选择的结果。种群的分布格局是由种群的生物学特性、生态学特性、种群内及种群间的关系及环境条件的综合因素决定的。按照种群个体在空间的分布形式，种群分布格局分为随机分布、均匀分布和集群分布三种类型。

随机分布是指种群个体的分布是随机的，分布机会均等，个体间彼此独立，任意一个个体的出现与其他个体的存在与否无关。

均匀分布是指种群内个体的分布是等间距的。在自然条件下，均匀分布极为少见，大多为人工群落，如：株行距均匀的人工林。

集群分布是指种群内个体的分布极不均匀，常成群或丛（簇）状密集分布。集群分布是较常见的一种分布格局。形成集群分布的原因主要有资源分布不均匀、植物种子传播方式以母株为扩散中心，以及动物的集群行为。

种群空间格局的检验方法有很多，这里只介绍一种最常用而简便的方法——方差/均值比率法，即 s^2/m 比率法。其中，$m=\sum fx/N$，$s^2=[\sum fx^2+(\sum fx)^2/N]/(N-1)$。式中，$x$ 为样方中的个体数；f 为含 x 个体样方的出现频率；N 为样方总数。若 s^2/m <1，属均匀分布（均匀分布的极限是 $s^2/m=0$，即全部样方中的个体数相同）；若 $s^2/m=1$，属随机分布；若 $s^2/m>1$，属集群分布（集群分布的极限是 $s^2/m=N$，N 为样方数，即一个样方中包含全部个体）。在统计学上，采用 t 检验来确定实测值与理论预测值 1 之间差异的显著程度。查表比较，差异不显著时，可认为符合泊松分布（随机分布）。

【实验材料与设备】

皮尺、样方框（20 cm×20 cm、50 cm×50 cm、100 cm×100 cm）、铅笔、野外记录表格、计算器。

【实验步骤】

1. 首先进行分组，每 5～6 人为一组，出发前先准备好野外记录表格，并带齐调查所需物品。选择所需研究的植物种群，并确定合适的样地位置（可选择在校园开展）。

2. 根据最小面积法确定样地面积，一般草本植物可用 1 m×1 m 样地，灌木可用 5 m×5 m 样地，乔木则根据具体情况，可适当采用大尺度，如可用 20 m×20 m 样地。采用相邻格子法在所选样地中划分小样方，一般草本可用 0.2 m×0.2 m 样方，灌木可用 1 m×1 m 样方，乔木可用 5 m×5 m 样方。也可根据具体情况采用其他方法确定合适的样方大小。

3. 计数：将每一样方中待测植物的个体数，记录在表 2.7 中，整理调查数据，并计算有关统计特征数，记录表 2.8。

4. 计算 s^2/m 的比值，说明方差/均值比率法检验的结果，指出所测定种群的空间格局类型。

表 2.7　种群空间分布格局样方记录表

日期：_____　　　　物种：_____　　　　样地位置：_____

样地面积：_____　　　　　　　　　　　　观测人姓名：_____

样方号	1	2	3	4	5	6	7	8	9	10	11
个体数/个											
样方号	12	13	14	15	16	17	18	19	20	21	22
个体数/个											

表 2.8　样方平均数与方差计算

总样方数（N）/个	总个体数（n）/个	每样方平均数（m）/个	方差（s^2）

【实验注意事项】

及时记录各项数据并签名，注意保管好记录材料，以备分析。

【思考题】

1. 分析种群空间分布格局分布类型的特点及形成原因？
2. 样方大小对实验结果有什么影响？

实验 9　种群的年龄结构与性比

【实验目的】

通过实际操作，了解并掌握调查、分析种群年龄结构和性比的方法。

【实验原理】

无论是植物种群还是动物种群，都由不同数量的年轻个体和年老个体组成。任何年龄单位，如天、周、月、年等都可以表示年龄。年龄组成还可以用发育阶段划分，如统计幼体、亚成体、成体、老年个体等。性比是指同种生物中雄性个体数与雌性个体数之比。种群年龄结构和性比的变化对其数量变化有重要影响。在种群生态学中，常要分析种群的年龄结构和性比。

种群年龄结构和性比的调查关键在于生物年龄和性别的判定技术。许多生物体上带有可用于判断年龄的一些性状，如树干的年轮，贝壳、鱼类鳞片、动物角上的生长轮，动物牙齿的状态，等等。鉴于同一生长发育阶段的生物身体大小常呈正态分布，而生物身体大小又与年龄有关，当年龄难以直接判断时，还可通过分析身体大小的分布来间接判断年龄。昆虫则通常采用发育阶段和蜕皮次数来表示年龄。性别的判断对于雌雄异体或雌雄异型的生物来说较容易，但很多生物通过外观难以判断性别，如果在生物的繁殖期考察性成熟个体的性别，则相对容易。

计数不同年龄段的生物，分别计算其在种群总数中所占的比例，即可获得种群的年龄结构。性比是两性个体数量的比例，可以通过计算种群总数中两性个体数量的比例获得总性比；如与年龄结构相结合，还可获得不同年龄段的性比。

【实验材料与设备】

记录纸和笔等。

【实验步骤】

1. 提前一周将学生随机分成两组，进行分工。第一组通过直接调查的方式了解其所在社区人口的年龄结构和性别组成，第二组通过查阅文献的方式汇总已经发表的生物种群的年龄结构和性别组成及这两项指标的研究方法。

2. 两组在复习课本的有关种群的年龄结构和性比、实验教材中有关如何查阅文献、如何调查等内容的基础上，确定各自的调查方法。第一组的调查项目包括年龄、性别、身高等。如学生可调查周围从幼儿园到大学的人员及其亲人和家属的年龄、性别、身高，作出年龄及性别分布图，并分析年龄与身高的关系；也可以在一天的不同时间在特定地点观察行人的性别、身高、年龄等，得出所观察地区、时间范围内出现的"种群"的年龄结构和性别组成。年龄和身高的分段也由学生自行设计。第二组通过大量的参考文献，分析比较不同生物的年龄结构和性比，探讨两项指标和种群动态的关系，并进行总结。

【实验结果与分析】

在实验课上，各组以调查报告或综述的形式汇报自己的调查结果，研究报告写成小论文的格式，题目自定。报告完毕后，在教师指导下对结果展开分析和讨论，加深对种群年龄结构和性比分析的了解。

【实验注意事项】

1. 首先要确定实验方法与步骤，根据文献资料确定恰当的观测指标。
2. 采用适当的统计工具分析自己所得的实验数据，并评价数据的可信度及产生误差的原因。

【思考题】

1. 生物的性比和年龄结构如何影响种群动态？
2. 通过区分年龄、建立年龄结构，能得到哪些与年龄有关的有用信息？

实验 10　种群生命表的编制

【实验目的】

1. 掌握生命表的编制方法。

2. 学会分析和应用生命表。

【实验原理】

生命表是描述种群死亡过程及存活情况的一种工具。可以体现各年龄或各年龄组的实际死亡数、死亡率、存活数和种群内个体的平均期望寿命。生命表的意义在于提供一个分析和对比种群个体起作用生态因子的函数数量基础。也可以利用生命表中的数据，描述存活曲线图，说明种群各年龄组在生命过程中的数量；说明不同年龄的生存个体随年龄的死亡率和生存率的变化情况。

生命表分为动态生命表和静态生命表两种类型。静态生命表是根据某一特定时间对种群作一个年龄结构调查，并根据调查结果而编制的生命表，常用于有世代重叠，且生命周期较长的生物；动态生命表是跟踪观察同一时间出生的生物的死亡或动态过程而获得的数据所做的生命表，可用于世代不重叠的生物（如昆虫）；它在记录种群各年龄或各发育阶段死亡数量和生殖力的同时，还可以查明和记录死亡原因，从而可以分析种群发展的薄弱环节，找出造成种群数量下降的关键因素，并根据死亡和出生的数据估计下一世代种群消长的趋势。

【实验材料与设备】

1. 调查或利用已有的调查资料，如利用调查某地区人口年龄结构的资料编制生命表（表 2.9）。

2. 利用调查某地区马鹿种群特定时间的年龄数据编制生命表（表 2.10）。

3. 利用田间系统调查并记录某地甘蓝第三代菜蛾种群的动态年龄数据编制的生命表（表 2.11）。

【实验步骤】

1. 根据所调查生物的特点，确定选用的生命表类型。对于世代重叠、寿命较长和年龄结构较为稳定的生物，一般都采用特定时间生命表（即静态生命表），而对于具有离散世代、寿命较短和数量波动较大的生物，一般都采用特定年龄生命表（即动态生命表或同生群生命表）。

2. 根据不同的研究对象一般可采用年、月、日、小时等。人通常采用 5 年为一年龄组；鹿科动物等以 1 年为一年龄组；鼠类以 1 个月为一年龄组；昆虫则常以不同的发育阶段（如卵、幼虫和蛹等）和龄期（如一龄幼虫、二龄幼虫等）为一年龄组。

表 2.9 某地区人口统计数据生命表

x	n_x 男性	d_x	q_x	L_x	T_x	e_x	n_x 女性	d_x	q_x	L_x	T_x	e_x
0	10 000						10 000					
1	97 708						97 937					
5	96 100						96 246					
10	95 662						95 930					
15	95 331						95 683					
20	94 772						95 227					
25	93 764						94 621					
30	92 694						93 981					
35	91 519						93 102					
40	89 958						92 002					
45	87 773						90 416					
50	84 584						88 423					
55	80 138						85 445					
60	73 346						81 107					
65	63 313						73 993					
70	50 048						63 810					
75	34 943						49 850					
80	20 165						33 492					
85	8 566						17 708					

表 2.10 某地区马鹿特定时间生命表

x	n_x 雄性	d_x	q_x	L_x	T_x	e_x	n_x 雌性	d_x	q_x	L_x	T_x	e_x
1	1 000						1 000					
2	718						863					
3	711						778					
4	704						694					
5	697						610					
6	690						526					
7	684						442					
8	502						357					
9	249						181					
10	92						59					

续表

x	n_x 雄性	d_x	q_x	L_x	T_x	e_x	n_x 雌性	d_x	q_x	L_x	T_x	e_x
11	78						51					
12	64						42					
13	50						34					
14	36						25					
15	22						17					
16	8						9					

表 2.11　某地甘蓝第三代菜蛾种群的动态生命表

x	n_x	d_xF	$100q_x$	L_x	T_x
卵（N1）	1 154	不育			
第 1 期幼虫 （1~4 龄中期）	1 140	降雨			
第 2 期幼虫 （4 龄中期至结茧）	604	寄生蜂（*Microplitis plutellae*），降雨			
预蛹	387	寄生蜂			
蛹	189	寄生蜂			
蛾	136	性（40.1%♀♀）			
雌蛾×2（N3）	109	光周期			
"正常雌蛾"×2	56.6	成虫死亡			
世代总计					

3. 实验与田间调查相结合统计数据。

（1）死亡年龄数据的调查：收集野外自然死亡动物的残留头骨，可根据角确定年龄；也可以根据牙齿切片，观察生长环确定年龄；牙齿的磨损程度是确定草食性动物年龄的常用方法；根据鱼类鳞片的年轮，推算鱼类的年龄和生长速度；根据鸟类羽毛的特征、头盖的骨化情况确定年龄；等等。死亡年龄数据可以制定静态生命表。

（2）直接观察存活动物数据：观察同一时期出生，同一大群动物的存活情况，调查的数据可以制定动态生命表。

（3）直接观察种群年龄数据：根据数据确定种群中每一年龄期有多少个体存活，假定种群的年龄组成在调查期间不变，如直接用人口普查数据编制生命表，属相对静态生命表。

4. 按年龄阶段将实际观察值或实际调查数据（n_x）记入表中。为便于计算。许多生命表习惯用 10 的倍数个体为基础计算。

5. 计算生命表其他各栏数据并填入表格。

生命表有若干栏，每栏以符号代表，其中 x 为分段年龄；n_x 为 x 期开始时的存活数目；$d_x=n_x-n_{x+1}$，为 x 到 $x+1$ 的死亡数目；$q_x=d_x/n_x$，为从 x 到 $x+1$ 的死亡率；$L_x=(n_x+n_{x+1})/2$，为从 x 到 $x+1$ 期的平均存活数；$T_x=L_x+L_{x+1}+\cdots+L_{最大}$，为超过 x 年龄的总个体数；$e_x=T_x/n_x$，为 x 期开始时的平均生命期望。

6. 以生命表中年龄（x）为横坐标，相对年龄存活数（n_x）的常用对数值为纵坐标，绘制生命存活曲线，并对各曲线的变化特征进行分析。

7. 初步分析昆虫生命表的关键因子，明确不同致死因子对昆虫种群数量变动所起作用的大小。

【实验注意事项】

1. 首先要确定实验方法与步骤，根据文献资料确定恰当的观测指标。

2. 采用适当的统计工具分析自己所得的实验数据，并评价数据的可信度及产生误差的原因。

【思考题】

1. 分析静态生命表和动态生命表的异同。

2. 任选实验材料中的两份，编制生命表，绘制存活曲线分析其存活过程？

3. 静态生命表没有动态生命表准确，但为什么还可信？

4. 如果要调查和制订某种野生树木的生命表，如何开展？

实验 11　种群在有限环境中的逻辑斯谛增长

【实验目的】

1. 了解种群增长是受环境条件限制的。

2. 加深对逻辑斯谛增长模型的理解与认识，深刻领会逻辑斯谛增长模型中两个参数——r 与 K 的重要作用。

3. 学会通过实验估计出这两个参数并进行曲线拟合。

【实验原理】

自然种群不可能长期而连续地按几何级数增长。当种群在一个有限空间中增长时，随密度的上升，由于受到环境资源和其他生活条件的限制，种内竞争增加，必然会影响到种群的出生率和死亡率，从而引起种群实际增长率的降低，一直到种群停止生长，甚至种群数量下降。种群在有限环境中的增长称为逻辑斯谛增长，其增长曲线为 S 型，可用逻辑斯谛方程来描述，其数学模型如下：

$$dN/dt = rN (1-N/K)$$

式中，dN/dt 为种群在单位时间内的增长率；N 为种群大小；t 为时间；r 为种群的瞬时增长率；K 为环境容纳量；$1-N/K$ 为"剩余空间"，即种群还可以继续利用的增长时间。

【实验材料与设备】

1. 实验动物

实验动物可以采用草履虫、杂拟谷盗、果蝇。本实验采用草履虫。

2. 仪器和设备

光学显微镜、光照培养箱、烧杯或锥形瓶（300 mL、500 mL、1 000 mL）、量筒（100 mL、200 mL）、移液管（1 mL、5 mL）、凹玻片、洗耳球、1 kW 电炉、普通天平、干稻草、纱布、橡皮筋、细胞计数器、鲁氏碘液等。

【实验步骤】

草履虫在 18～20 ℃环境中，每天分裂一次。草履虫主要以细菌为食，也吞食有机质，在实验室，一般以稻草的煎出液为培养基（液）。当培养液有限时，至一定时间，草履虫的分裂将受到限制，其种群密度达到饱和。如果不补充培养液，种群密度将下降。活的草履虫在显微镜下计数比较困难，因此，需要鲁氏碘液固定，然后在镜下计数。

1. 准备草履虫原液

草履虫喜光，多生活在有机质丰富、流动慢的污水河沟、水渠、池塘、湖泊等环境的水体和土壤中。从野外河沟或公园池塘内，用烧杯取水样，该水样即是草履虫原液。

2. 制备草履虫培养液

称取干稻草 5~10 g，剪成 3 cm 长的小段，在 1 000 mL 烧杯中加水 800 mL，用纱布包裹好干稻草，放入水中煮沸 10 min，直至煎出液呈淡黄棕色，冷却，备用。

3. 确定培养液中草履虫种群的初始密度

（1）用 0.1 mL 移液管吸取 0.1 mL 草履虫原液于凹玻片上，当在显微镜下看到有游动的草履虫时，再用滴管取一小滴鲁氏碘液于凹玻片上杀死草履虫，在显微镜下观察已固定草履虫的数目。

（2）按上述方法依次反复取样，观察草履虫原液约 1 mL，对所有计数的数值求平均值，并以此推算出草履虫原液中的种群密度。

（3）取冷却后的草履虫培养液 50 mL，置于 100 mL 烧杯中。经过计算，用移液管吸取适量的草履虫原液放入培养液中，使培养液中草履虫的密度在 5~10 只/mL 左右。此时培养液中的草履虫密度即为初始种群密度。

（4）用纱布和橡皮筋将实验用的烧杯罩好，并做好本组标记，放置在 18~20 ℃ 光照培养箱中（或室温下）培养。

（5）每天定时取 1 mL 培养液，观察计量烧杯中草履虫的个体数，方法同实验步骤 3 的（1）和（2），求出其平均数，直至烧杯中草履虫个体数开始下降后的第二天结束本实验。将每天的观测数据记录在表 2.12 中。

表 2.12　草履虫种群动态观测记录表

培养天数/d	草履虫样本平均实测值/（只/mL）	草履虫种群估算值（N）/（只/mL）	$1-N/K$	$\ln(1-N/K)$	Logistic 方程理论值
1					
2					
3					
4					
5					
6					
7					
8					
9					
10					

【实验结果与分析】

1. 环境容纳量 K 的确定。最常用而方便的是目测法求得 K 值。将记录得到的草履虫种群大小数据标定在以时间 t 为横坐标、草履虫种群数量 N 为纵坐标的平面坐标系上，得到散点图，由此可以看出种群增长的总趋势。从图上观察，最高数量估计值即为 K 值。

2. 瞬时增长率 r 的确定。瞬时增长率 r 可用回归分析的方法来确定。首先将逻辑斯谛方程的积分式变形为 $(K-N)/N=e^{a-rt}$

两边取对数，得 $\ln[(K-N)/N]=a-rt$

如果设 $y=\ln[(K-N)/N]$，$b=-r$，$x=t$，则逻辑斯谛方程的积分式可以写为 $y=a+bx$，此为一个直线方程。

将求得的 a、r 和 K 代入逻辑斯谛方程，则得到理论值。在坐标纸上绘出逻辑斯谛方程的理论曲线。将理论值与实际值进行显著性检验，如无显著差异，则逻辑斯谛方程拟合成立。

【实验注意事项】

1. 室外取得的草履虫水样中，可能存在几种草履虫，在实验前应将其分离，分别培养，选取一种草履虫进行实验。

2. 在草履虫原液中取样时，要将原液尽量混匀，保证取样时的误差较小。

3. 草履虫实验时应注意温度不要太高，及时补充营养。

【思考题】

1. 自然界的种群是否能无限地增长，为什么？

2. 种群的逻辑斯谛增长中的 K 是否是稳定不变的？

3. 逻辑斯谛方程增长模型能否作为种群增长普遍性模型？

4. 讨论实验中各种实验条件的不同可能给草履虫种群增长造成的影响。

实验 12　利用等位酶标记分析种群的遗传多样性

【实验目的】

1. 掌握等位酶分析技术。
2. 学会运用等位基因频率分析植物种群的遗传多样性指数和种群间遗传分化。
3. 认识研究与保护植物遗传多样性的重要性。

【实验原理】

种群遗传多样性指种内个体之间或一个群体内不同个体的遗传变异总和，它主要描述种群的质量状况，是物种适应环境变化的基础，也是衡量物种进化潜力的重要指标。对它的研究是深入认识物种生态幅、适应能力、进化前途、发展命运的核心内容。

等位酶技术利用电泳技术将酶蛋白的不同变异体分离，并推断控制该酶的基因型。酶电泳的方法主要有 4 种：淀粉凝胶电泳（SGE，包括水平的和垂直的）、聚丙烯酰胺凝胶电泳（PAGE）、醋酸纤维素凝胶电泳（CAGE）和琼脂糖凝胶电泳（AGE）。琼脂糖凝胶的孔径较大，对蛋白质不起分子筛的作用，适用于较大分子的核酸电泳；而淀粉凝胶和聚丙烯酰胺凝胶的孔径比较适合于分离蛋白质和小分子核酸，其中分辨率较高的是聚丙烯酰胺凝胶电泳。聚丙烯酰胺凝胶电泳是以聚丙烯酰胺凝胶作为支持介质的电泳方法，在这种支持介质上可根据被分离物质分子大小和分子电荷多少来进行分离。

【实验材料与设备】

1. 仪器和设备

垂直版凝胶电泳槽、注射器（5 mL、20 mL）、电泳仪、天平（0.001 g）、离心机、染色盒、研钵、镊子、滴管、烧杯、量筒、微量进样器或移液器、搅拌器、冰箱等。

2. 试剂

（1）19 号凝胶贮液（表 2.13）

贮液于冰箱内保存，$K_2S_2O_8$ 可贮存 1 周，其他贮液可贮存 3 个月以上。

（2）提取缓冲液：在 25 mL 磷酸缓冲液或 Tris-HCl 缓冲液（pH 7.5，0.05 mol/L）中加入 1.25 g 蔗糖，研磨前加入 0.025 mL β-巯基乙醇（0.014 mol/L）和 410 g/L

的聚乙烯基吡咯烷酮（PVP）。

（3）酯酶染色液：称取 50 mg *α*-乙酸萘酯，100 mg 固蓝 RR 盐，先用约 5 mL 丙酮溶解，再用 0.1 mol/L pH 5.0 磷酸缓冲液稀释到 150 mL。

表 2.13　19 号凝胶贮液的组成

	贮液编号	100 mL 贮液中的组成		工作液混合比例	pH
分离胶	1	1 mol/L HCl	48.0 mL	1 份	8.9
		Tris	36.6 g		
	2	Arc	28.0 g	2 份	
		Bis	0.74 g		
	3	$K_2S_2O_8$	0.56 g	1 份	
	4	水		4 份	
浓缩胶	5	1 mol/L HCl	48.0 mL	1 份	6.7
		Tris	5.98 g		
	6	Arc	10.0 g	2 份	
		Bis	2.5 g		
	3	$K_2S_2O_8$	0.56 g	1 份	
	7	蔗糖	40.0 g	4 份	
电极缓冲液	8	Tris	0.60 g	1 份	8.3
		甘氨酸	2.88 g		
	9	水		9 份	

注：1. 贮液编号：1、2、5、6 和 8 分别为分离胶缓冲液、分离胶贮液、浓缩胶缓冲液、浓缩胶贮液和电极液的浓缩液。2. Tris：三羟甲基氨基甲烷；Arc：丙烯酰胺；Bis：甲叉双丙烯酰胺。

3. 注胶前加入工作液中，每毫升分离胶工作液加 0.6×10^{-3} mL 四甲基乙二胺（TEMED）；每毫升浓缩胶工作液加 1.5×10^{-3} mL TEMED。

（4）过氧化物酶显色液：5 mL 联苯胺母液（2 g 联苯胺，18 mL 冰乙酸，加热至沸腾，再加入 72 mL 水），加水稀释至 50 mL，临用前加入 1 mL 1%H_2O_2。

3. 材料

原则上，植物体上任何有活性的部位都可以用来进行等位酶分析，但幼嫩组织的酶活性最高，所以一般选择采集幼嫩的叶片进行实验。根据教师的安排，采集同一物种几个种群的样品，低温保存，迅速带回实验室研磨提取。

【实验步骤】

1. 电泳槽的安装

（1）用两手夹住玻璃板的两侧（避免手指玷污玻璃板），将其装入胶框，再将胶框垂直装入两个电极液半槽之间，用螺栓将两个半槽固定在一起，按一定顺序拧紧螺母，注意用力均匀。

（2）装好电泳槽后，将融化的 1.5%琼脂注入玻璃板底部的琼脂池内，琼脂凝固后将前后两个电极液槽隔开，但允许电流通过。

2. 凝胶的制备

（1）分离胶：按照表 2.13 的比例先将分离胶缓冲液（1 号）、分离胶贮液（2号）和水混合于烧杯中，然后加入催化剂 $K_2S_2O_8$ 及 TEMED，混匀，立即将凝胶液沿凝胶模子后面一块玻璃板的内壁缓缓地注入已准备好的胶室中。凝胶液加到离玻璃板顶部约 2 cm 处，立即用装有 6 号针头的注射器注水使凝胶的表面覆盖 35 mm 水层。静置 20～30 min，凝胶聚合完成，其标志是凝胶和水层之间出现清晰的界面。

（2）浓缩胶：按照表 2.13 的比例将浓缩胶缓冲溶液（5 号）、浓缩胶贮液（6号）和蔗糖（7 号）混合，加入 $K_2S_2O_8$ 及 TEMED，同时将分离胶上水层吸出，立即将浓缩胶混合液注入上述制备好的分离胶上，胶液加到接近胶室的顶部，插入梳子，静置聚合。2～3 h 后聚合完成，小心地取出梳子，向样品槽中加入电极缓冲液备用。

3. 样品的制备和加样

（1）取约 0.2 g 样品，剪碎后放入预冷的研钵内，在冰浴中研成匀浆，研磨过程中加入约 1 mL 提取缓冲液。

（2）匀浆液在 4 ℃，5 000 r/min 下离心 10 min，上清液待用。

（3）用进样器在每孔的胶面上加入上清液 100 μL，再加入少量 1%的溴酚蓝指示液，用电极缓冲液小心地将每孔充满。

4. 电泳和脱胶

（1）向电泳槽内注入电极缓冲液。

（2）连接好导线，将上槽接到电泳仪的负极，下槽接正极。接通电源，电泳开始后电流控制在 30 mA 左右，样品进入分离胶后可加大电流到 60 mA（这时电压一般在 100 V 左右），此后，维持电流不变。

（3）当指示剂到达离凝胶底部 1.5 cm 时可停止电泳，电泳约需 2 h，关闭电源，吸出电极缓冲液，取出胶框和玻璃板。

（4）取 5 mL 注射器灌满水，配上 6 号长针头，将针头插入胶与板壁之间，一边注水一边将针头向前推进，直至把凝胶和玻璃板分离。将凝胶平放入染色盒中。

5. 染色

（1）过氧化酶染色：量取 5 mL 联苯胺母液倒入烧杯中，加水至 50 mL，加入 1 mL 1%H_2O_2，将配好的染色液倒入染色盒内，室温下反应，约数秒钟即可观察到棕红色的过氧化物条带。待条带清晰时，弃去染色液，用蒸馏水冲洗，观察，记录酶谱。

（2）酯酶染色：将 50 mL 酯酶染色液倒入染色盒中，室温下显色约 20 min，可看到酯酶条带。弃去染色液，用蒸馏水冲洗，记录酶谱。

6. 酶谱判译

根据各种酶的不同亚基组成、酶谱上的带型，判断位点和等位基因。以基因型的形式记录酶谱。

7. 数据分析

根据得到的基因型，统计基因型频率和等位基因频率，进行遗传多样性的计算。遗传多样性的指标有以下几种。

（1）多态位点百分比

多态位点百分比即所检测位点中多态位点所占的比例，它是反映遗传多样性的重要指标之一，其计算公式为

$$P = K/n \times 100\%$$

式中，K 为多态酶位点的数目；n 为所测定酶位点总数。

（2）平均等位基因数目

平均等位基因数目即各位点含有的等位基因数目的算术平均值。计算公式为

$$A = \sum_{i=1}^{n} A_i / n$$

式中，A_i 为第 i 个位点上的等位基因数；n 为所测定酶位点总数。

（3）杂合度

期望杂合度（H_e）即平均每个位点的预期杂合度，表示在哈迪-温伯格（Hardy-Weinberg）平衡定律下预期的平均每个位点的杂合度。计算公式如下：

$$H_e = \sum_{i=1}^{n} H_{ei} / n = \sum_{i=1}^{n} \left(1 - \sum_{j=1}^{m_i} q_{ij}^2 \right) / n$$

式中，H_{ei} 为第 i 个位点上的预期杂合度；n 为所测定酶位点总数；q_{ij} 为第 i 个位点上第 j 个等位基因的频率；m_i 为第 i 个位点等位基因总数。

观察杂合度（H_o）即平均每个位点的实际杂合度，也就是我们观察到的杂合子比例。计算公式如下：

$$H_o = \sum_{i=1}^{n} H_{oi} / n = \sum_{i=1}^{n} \left(1 - \sum_{j=1}^{m_i} Q_{ij} \right) / n$$

式中，H_{oi} 为第 i 个位点上的观察杂合度；n 为所测定酶位点总数；Q_{ij} 为第 i 个位点上第 j 个等位基因纯合基因型的频率；m_i 为第 i 个位点等位基因总数。

（4）遗传分化程度

总基因多样度（H_T）为各种群内基因多样度（H_S）和各种群间多样度（D_{ST}）之和。对任何一个位点来说，他们之间的关系可表示为

$$H_T = H_S + D_{ST}$$

存在于各种群间的基因多样度的比率为

$$G_{ST} = D_{ST}/H_T = (H_T - H_S)/H_T$$

G_{ST} 值的范围为 $0\sim1$，G_{ST} 越大，表示各种群间基因分化的相对量越大，其中，

$$H_S = \sum_{i=1}^{n} H_{Si}/n = \sum_{i=1}^{n}\left(1 - \sum_{j=1}^{m_i} q_{ij}\right)/n$$

式中，H_{Si} 为第 i 个种群某位点的预期杂合度；n 为所测定的种群总数；q_{ij} 为第 i 个种群该位点第 j 个等位基因的频率；m_i 为第 i 个种群该位点等位基因数。

$$H_T = 1 - \sum_{j=1}^{m} r_j^2$$

式中，m 为该位点等位基因数；r_j 为该位点第 j 个等位基因在总种群中的平均频率。

上面是对一个位点所进行的计算，对于全部位点来说，平均基因多样度的 H_S、H_T 和 G_{ST} 可以通过计算所有位点的 H_{Si}、H_{Ti} 和 G_{STi} 的算术平均值而获得。

【实验注意事项】

1. 不同的植物材料，由于所含有的次生代谢物不同，可能应采用不同的提取缓冲液。

2. 在整个实验过程中，应快速操作，使样品在常温下搁置的时间尽量短，以保证酶的活性。

3. 制备浓缩胶时，应尽量吸尽分离胶面上的水，以免分离胶与浓缩胶之间产生气泡。

4. 电泳过程中会产生一定的热量，应尽可能营造低温环境。

5. 加入染液后，每隔一定时间应该检测凝胶上是否显示出带。不同的酶染色时间长短不一，显色完毕的凝胶应立即停止染色，判译酶谱，记录数据并妥善保存凝胶。

【思考题】

1. 检验所检测的位点是否符合 Hardy-Weinberg 平衡。

2. 同源四倍体的单体酶和二聚体酶的带谱会表现出怎样的模式？

实验 13　植物化感作用的实验验证

【实验目的】

1. 掌握植物化感作用的基本理论。
2. 让学生学习怎样通过实验方法来验证植物化感作用的存在。
3. 认识某些植物的化感作用对其他生物的影响。

【实验原理】

化感作用是指一种植物通过向体外分泌代谢过程中的化学物质，从而影响其他植物的生长的现象。植物释放化感物质的途径主要有通过茎叶挥发、根分泌、雨水淋溶、残体分解等，从而促进或抑制周围植物的生长和发育。这种作用是物种生存斗争的一种特殊形式，种内关系和种间关系都有化感作用。自然界生物之间的化感作用是普遍存在的，特别是对一些有害的外来入侵生物。

【实验材料与设备】

1. 实验植物

供体植物：选择本地具有明显化感作用的植物，如南方地区可以选择加拿大一枝黄花（*Solidago canadensis*）、胜红蓟（*Ageratum conyzoides*）、紫茎泽兰（*Ageratina adenophora*）、飞机草（*Chromolaena odorata*）等。本实验选取胜红蓟。

受体植物：选择自然界可能与供体植物发生相互作用的植物为受体植物。如常见的植物可以选择玉米、生菜、黄瓜、小麦、油菜、莴笋等。本实验选择生菜。

2. 仪器与设备

人工气候箱、干燥器、电子天平、电炉、培养皿、烧杯、量筒、直尺、滤纸、漏斗等。

【实验步骤】

1. 采集材料，制作植物水浸液

采集野外生长健康的胜红蓟的新鲜叶子，按质量比植物：水＝1∶5 的比例加蒸馏水，在 20～25 ℃条件下浸泡 24 h，并滴 1～2 滴甲醇以防微生物生长。而后用滤纸过滤，得到胜红蓟的水浸液，在 4 ℃下冷藏备用。

2. 供体植物水浸液对受体植物种子萌发的影响

选择均匀饱满的生菜种子用 10%次氯酸钠溶液浸泡 20～30 min，无菌水冲洗 3 次。取 5 mL 备用的胜红蓟水浸液，加入到铺有 2 层滤纸的培养皿中，以不加浸液（加蒸馏水代替）作为对照。将受体植物生菜种子播种在滤纸上，每皿 100 粒。每个处理设置 3 个以上重复，在温度 24～26 ℃，光照 2 000 lx 条件下的人工气候箱中培养，每天补充散失的水分，每天调查其发芽种子数，7 天后计算发芽率和发芽指数。

3. 供体植物水浸液对受体植物幼苗生长的影响

选择均匀饱满且大小一致的生菜种子，用蒸馏水处理至胚根突破种皮，将破壳后的种子均匀摆放在已放有 2 层滤纸的 50 mL 小烧杯中，每个烧杯放 15 粒种子，加入 5 mL 浸液后用保鲜膜盖住烧杯口，以防水分挥发。对照实验用蒸馏水处理。每个处理设置 3 个以上重复，在上述条件的人工气候箱中培养。第 10 天取出受体植物幼苗，测量其根长、苗高，称其鲜重，而后将苗烘干，称其干重。

【实验结果与分析】

1. 萌发率（GR）和发芽指数（GI）

$$GR=7 \text{ 天发芽种子数}/\text{供试种子总数} \times 100\%$$

$$GI=\sum_{t=1}^{n}(G_t/D_t)$$

式中，G_t 为在 t 天内的发芽数；D_t 为第 t 天。

2. 化感效应指数（RI）

$$RI=1-C/T$$

式中，T 为处理值；C 为对照值；RI 为化感效应指数。

RI 大于 0 表示存在促进作用；RI 小于 0 表示存在抑制作用，RI 的绝对值代表作用强度的大小。

【实验注意事项】

1. 各种环境条件如温度、湿度、光照、pH 等都会影响植物种子的萌发和幼苗的生长，故一定要保证实验处理和对照所处条件的一致性。

2. 在培养过程中，要经常检查植物生长情况，保持滤纸湿润。

3. 在种子萌发实验时，一定要用大量种子进行重复实验，并做统计学分析。

【思考题】

1. 植物的化感作用对同种植物的不同个体有作用吗？

2. 如果化感作用确实存在，入侵植物的化感作用是否会更加明显强烈？

实验 14 种内竞争的实验验证

【实验目的】

1. 通过实验，观察和了解种内竞争的现象与规律。
2. 学习并掌握种内竞争研究的基本方法和思路。

【实验原理】

由于营养物质、资源、空间和异质性数量在自然情况下往往都是有限的，因此生物个体之间往往存在着竞争。种内竞争是指同种生物个体之间争夺共同资源的生存竞争。种群内的个体之间在过密或过疏的情况下，通过负反馈作用进行自我调节，从而使种群数量围绕着某个平均值而变化。当种群数量过密时，个体对资源的竞争十分激烈，每个个体的生物潜能的发挥受到严重影响，结果使部分个体身体变小或繁殖率下降，甚至死亡，最终降低种群内个体的数量和质量。种内竞争的强度随种群密度的上升而相应增加，即密度制约。

研究表明，超出一定的播种密度而存留下来的植物数量与最初的种子密度无关，而与其总的生物量之间有着固定不变的关系。这种关系可由 Yoda 等提出"-3/2 自疏法则"表示：

$$W=CP^{-3/2} \text{ 即 } \lg W = \lg C - 1.5 \lg P$$

式中，W 为存留下来的植株干重；P 为存留下来的植株密度；C 为与所研究的特定植物种生长特性有关的常数。

【实验材料与设备】

1. 实验材料

一般选用生长周期比较短的草本植物的种子进行培养，常用豌豆、大豆、小麦、油菜等。本实验以大豆种子为例。

2. 仪器和设备

直径 10~20 cm 的花盆、泥土、有机肥、标签、烘箱等。

【实验步骤】

1. 实验材料的遴选和培养盆的准备

实验前仔细挑选籽粒饱满、完整、大小均匀、发芽率高的大豆种子。将泥土与有机肥充分拌匀（为了便于日后收获植物，建议用沙土培养），并装入花盆，花盆中土面低于盆口约 2 cm。冬季放在温室内，夏季则放在室外备用。在每个花盆上贴上标签，注明培养方式、重复号和播种日期。

2. 种内竞争实验

主要依据"最后产量衡值法则"和"−3/2 自疏法则"开展实验。在不同的培养盆中，设计不同的播种密度，一般分高、中、低密度。根据所选用培养盆直径的大小决定播种植物种子的数量。以直径为 10 cm 的培养盆为例，高密度组可考虑播种 30 颗大豆种子，最后根据发芽情况，可删除部分出芽个体，保留 20 个个体；中密度组可考虑播种 20 颗大豆种子，最后根据发芽情况，可删除部分出芽个体，保留 10 个个体；低密度组可考虑播种 10 颗大豆种子，最后根据发芽情况，可删除部分出芽个体，保留 5 个个体。每个密度至少应有 2 个重复（共 9 盆），置于常温下（或温室中）培养，定期浇水并适当交换位置。培养时间长短根据当地的气温状况而定，日平均气温在 15 ℃以上，一般培养 20 天即可收获；若日平均气温在 15 ℃以下，一般培养 30 天以上视生长情况收获。

3. 结果与分析

在不损坏大豆植株的前提下，仔细地将每个培养盆中的大豆植株个体完整收获，洗去表面泥土，记录每个植株的株高、根长。在烘箱中烘干，称量其干物质质量。计算每个个体的平均干物质质量（生物量）。以株高、根长、平均干物质量为指标，进行竞争结果的比较，记录在表 2.14 中。

表 2.14　植物种内竞争实验结果比较

播种密度	平均株高/cm	平均根长/mm	平均干重/g
高密度			
中密度			
低密度			

【实验注意事项】

1. 实验时，尽可能保证各处理的光照、肥力和水分等实验条件均一。

2. 在收获时，可以将同密度培养的材料（同密度的 2 个培养盆中的植物）混在一起进行烘干、称量并计算其个体平均生物量。

【思考题】

1. 在自然条件下，植物如何解决或减弱种内竞争的效应？

2. 是植物还是动物的种内竞争关系及其强度容易研究获取？

3. 水稻在播种时密度往往很大，但在插秧时密度却要求很小，为什么？

实验 15　种群的生态位测定

【实验目的】

1. 掌握生态位理论，了解种群在群落中的功能和地位。
2. 掌握种群生态位的测定方法。

【实验原理】

生态位（niche）是指在自然生态系统中一个种群在时间、空间上的位置及其与相关种群之间的功能关系，是物种的生态学特性，描述了物种与生态因子的相关性。自格林内尔（Grinnell）首次将"生态位"一词引入生态学研究领域以来，该理论被不断地完善和发展，并广泛用于研究植物种间关系、物种环境适应性、群落恢复及演替、物种多样性保护等方面，成为解释自然群落中种间共存与竞争机制的基本理论之一。生态位测度主要包括生态位宽度和生态位重叠，目前研究也主要集中在这两个指标的估算与分析上。生态位宽度和种间生态位重叠被认为是物种多样性及群落结构的决定因素，反映该种群对资源的利用能力及其在群落或生态系统中的功能和位置，也反映了其所在群落的稳定性。通过对种群生态位宽度和生态位重叠的分析，可进一步了解种群在群落内的地位和作用以及对资源的利用状况。

【实验材料与设备】

样方测绳、钢围尺、皮尺（50 m）、GPS、样方框（1 m×1 m）、测高仪、标本夹、记录本、笔等。

【实验步骤】

1. 野外样方调查

如果学校及其所在地区已建有长期定位观测样地，可在该观测样地开展野外样方调查，在踏查的基础上，按照群落类型、生境特点以及人为干扰等因子的差异性设置研究样地，共设置 6 个 20 m×20 m 的样地，每个样地再划分为 4 个 10 m×10 m 的样方作为调查单元。进行每木调查，乔木层（胸径≥1 cm）记录种名、高度、胸径等；在每个小样方内的相同方位角，设置 1 个 5 m×5 m 的灌木样方和 1 个 1 m×1 m 的草本样方，记录样方内灌木、草本和乔木幼树（苗）的种名、盖度、高度等数据，将以上数据记录在表 2.15 和表 2.16 中。

2. 生态位测定方法

植物群落中种群对资源利用的生态位宽度和种群间生态位重叠的测定可从两方面考虑，一是对同类型资源（如光）的利用，二是对多种类型资源（如光、水、营养元素等）的综合利用。根据植物种群的特性，可以把群落调查中的每个取样地视作"资源状态"，以各个种在不同取样地中的个体数目、重要值、胸高断面积和等为指标，计算各个种群的生态位宽度和种群间的生态位重叠。在这种情况下，可以认为各个植物种的指标综合反映了它对多种资源的利用，同时也反映了植物种的空间关系等。为此，本实验以设置的样地作为资源状态，以物种重要值为指标，选择主要乔木层和灌木层物种进行生态位宽度和重叠的计算分析。

表 2.15　植物群落样方乔木层调查

乔木层　　　　　　　　　　　样方面积：　　　　　　　　　　总郁闭度：

物种名称	个体数/株	胸径/cm	高度/m

表 2.16　植物群落样方灌草层调查

灌草层　　　　　　　　　　　样方面积：　　　　　　　　　　总盖度：

物种名称	多度	盖度	高度/cm

①重要值测定：采用重要值作为指标进行生态位分析，其计算方法为

乔木层重要值=（相对密度+相对频度+相对优势度）/3

灌木层重要值=（相对高度+相对盖度+相对多度）/3

②生态位宽度：采用莱文斯（Levins）提出的公式计测。

$$B_i = \dfrac{1}{\sum\limits_{j=1}^{r}(P_{ij})^2}$$

式中，B_i 为物种 i 的生态位宽度；P_{ij} 为物种 i 在资源 j 上的重要值占其重要值总数的比例，$P_{ij}=n_{ij}/N_i$；而 $N_i=\sum n_{ij}$；n_{ij} 为物种 i 在资源 j 上的重要值；r 为资源位数，也即样地数。B_i 越大，说明物种的生态位越宽，则该物种利用的资源总量越多，竞争力越强。

③生态位重叠：采用皮安卡（Pianka）生态位重叠公式。

$$\mathrm{NO} = \sum_{j=1}^{r} n_{ij}n_{kj} \Big/ \sqrt{(\sum_{j=1}^{r} n_{ij})^2 (\sum_{j=1}^{r} n_{kj})^2}$$

式中，NO 为生态位重叠值；n_{ij} 和 n_{kj} 为物种 i 和 k 在资源 j 上的重要值。

3. 数据处理

在 Excel 软件或 spaa 程序包中计算生态位的各项指标。

【思考题】

1. 生态位宽窄说明了什么问题？

2. 分析生态位大小与环境因子的关系？

3. 分析不同种群在群落中的功能和地位，探讨不同植物种对环境资源的生态适应性和种间竞争机制。

实验 16　种群巢区面积的估算

【实验目的】

1. 通过实验，使学生掌握巢区面积估算的一些常用方法。

2. 通过人工种群模拟实验和野外调查结果分析，比较各种巢区面积估算方法的优缺点。

【实验原理】

巢区是指动物个体或"家庭"进行日常活动所占据的地方，很多时候与领域同义。根据领域的所有权，可分为个体领域、配偶领域和社群领域。领域的大小因功能、动物身体大小、食性及种群密度的不同而异。一般规律是：

① 领域面积往往随生活史，尤其是繁殖节律而变化。如鸟类一般在营巢期领域行为表现得最为强烈，领域面积也大。

② 领域面积随领域占有者的体重而扩大。因为领域的大小是以能够保证提供足够的食物资源为前提，动物越大，需要的资源越多，领域面积也就越大。

③ 领域占有者的食性不同，对领域面积的要求不同。食肉动物的领域面积较同样体重的食草动物要大，并且体重越大，这种差别也越大。

④ 种群密度大时，领域会变得相对较小。

对动物巢区的研究，不仅有助于了解动物的活动范围，对种群密度作初步估计；也可为种内竞争、种间关系、领域性、生境选择及动物的能量需要等方面的研究提供信息，为有害动物的控制提供理论依据。

相比于其他动物，人们对鸟类的研究较多。大多数迁徙性鸟类，巢区是由先迁来的雄鸟选定，并由雄鸟保护其家区。大多数哺乳动物的生活方式较为隐蔽，其领域不易研究。

对较大型的昼行性动物，可用直接观察法确定其巢区，而对小型的或夜行性的动物确定其巢区需要采用一定的技术。最常用的是标记重捕法，例如对田鼠的巢区进行调查，可将捕鼠笼按方形格式布置于调查样地内，捕鼠笼彼此间隔为 10～50 m，根据多次反复捕获记录，估算巢区面积。巢区面积估算方法很多，可分为两类：图形法和概率论模型法。

1. 图形法

按照捕获点直接在米格纸上画出的巢区估算面积（图 2.1）。具体估算方法有

3 种变型：

　　① 最小面积法：把最边缘的捕获点用直线连接起来，以它们所包围的面积作为巢区。

　　② 包括周边的地带法：假定一个捕获点代表一个小方块的面积，将最边缘的捕获点相对延伸半笼间距，连接最边缘的角，以它们所包围的面积作为巢区。

　　③ 不包括周边的地带法：同第二种方法，但连接边缘时尽量少包括各方块间的面积。

　　根据人工种群模拟实验和统计学分析，证明用第一种方法误差最大，可达 67%，第二种方法误差 17%，第三种方法误差最小，为 2%。

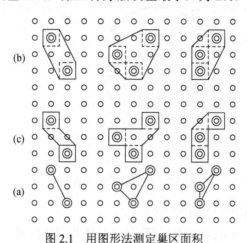

图 2.1　用图形法测定巢区面积

（a）最小面积法；（b）包括周边的地带法；（c）不包括周边的地带法

2. 概率论模型法

概率论模型法是假设动物的巢区具有一定的形状（如圆形或椭圆形），按数学模型估算巢区面积。有圆形法、椭圆形法和平均值法。

（1）圆形法

按个体的捕获点在直角坐标系的分布，确定几何中心。图 2.2 中，X 表示活动中心（$x=1.375$；$y=3.375$）

选择方形格式笼线的任何行与列为 x、y 轴，把捕获点置于坐标系的第一象限区比较方便。求每个捕获点对 x 轴和 y 轴的距离，计算出平均距离 $\bar{x}$ 和 $\bar{y}$。把几何中心（$\bar{x}$，$\bar{y}$）视为中心。假定个体在中心活动最频繁，随着离活动中心的半径距离加大，动物活动的相对频率就越低。现已证明能利用二元正态分布函数来描述巢区，以二元正态分布函数中的标准差 σ 为半径做圆，动物出现在该圆面积内的概率为 39.4%；以 2σ 为半径做圆，动物出现在该圆面积内的概率为 86.4%；以 3σ 为半径做圆，动物出现在该圆面积内的概率为 98.9%。

因此，可以用 2.45σ 为半径做圆，动物出现在该圆面积内的概率为 95%，并以此作为圆形巢区面积的指标。圆形巢区面积 $A = \pi(2.45\sigma)^2 = 6\pi\sigma^2$。式中，$\sigma^2$ 是未知的，以每一捕获点距几何中心的距离为重捕半径 r_i，计算 x 和 y 的标准离差 s^2，作为 σ^2 的无偏估计量。

$$s^2 = \frac{1}{n-1}\sum_{i=1}^{n} r_i^2$$

因此，圆形巢区面积的估计值为：$A = 6\pi s^2$

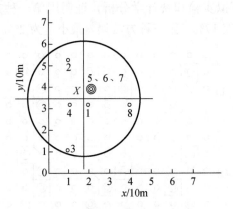

图 2.2　圆形巢区面积估算法

下面以具体例子说明其计算方法：

设有一个包含 8 个捕获点的巢区，具体位置见图 2.2。巢区面积估算程序如下：

设置坐标系，确定几何中心。根据每个捕获点对 x 轴和 y 轴的距离，列出表 2.17，计算出平均距离 $\bar{x}$ 和 $\bar{y}$：

$$\bar{x} = \sum x/n = 15/8 = 1.875$$
$$\bar{y} = \sum y/n = 27/8 = 3.375$$

表 2.17　圆形巢区面积计算实例

捕获点	x_i	y_i	x_i^2	y_i^2	$x_i y_i$
1	2	3	4	9	6
2	1	5	1	25	5
3	1	1	1	1	1
4	1	3	1	9	3
5	2	4	4	16	8
6	2	4	4	16	8
7	2	4	4	16	8
8	4	3	16	9	12
合计	15	27	35	101	51

注：在此 x、y 均以 10 m 为单位，由此算出的面积以 100 m² 为单位。

估算巢区面积：

$$s^2 = \frac{1}{n-1}$$

$$\sum_{i=1}^{n} r_i^2 = \frac{1}{2(n-1)}$$

$$\left\{\left[\sum x^2 - (\sum x)^2/n\right] + \left[\sum y^2 - (\sum y)/n\right]\right\} = \frac{1}{2(8-1)}[35-(15)^2/8+101-(27)^2/8]$$
$$=1.196\ 4$$
$$A=6\pi s^2 = 6\times3.141\ 6\times1.196\ 4=22.55\ (\text{hm}^2)$$

即圆形巢区面积为 22.55 hm^2。

（2）椭圆形法

又称主成分分析法，许多动物的巢区调查结果表明，多数种类巢区不是圆形的，而是向某一方向延伸。这时用圆形法估计巢区面积，误差太大，因此提出椭圆形法作为改进。因为圆为椭圆的一个特例，椭圆形法也适用于圆形巢区面积估计。

椭圆形巢区面积按下式估算：$A=6\pi|S|^{1/2}$

其中，$|S|$ 是捕获点的方差-协方差矩阵的特征根：$|S| = \begin{bmatrix} S_{xx} S_{xy} \\ S_{yx} S_{yy} \end{bmatrix}$

或直接计算：$|S|=S_{xx}S_{yy}-S_{xy}^2$

应用实例：

用上例数据以椭圆形计算巢区面积为

$$S_{xx} = \frac{1}{n-2}\left[\sum x^2 - \frac{(\sum x)^2}{n}\right] = 1/6(35-15^2/8)=1.1458$$

$$S_{yy} = \frac{1}{n-2}\left[\sum y^2 - \frac{(\sum y)^2}{n}\right] = 1/6(101-27^2/8)=1.6458$$

$$S_{xy} = \frac{1}{n-2}\left[\sum xy - \frac{\sum y \sum x}{n}\right] = 1/6(51-15\times27/8)=0.0625$$

$$A=6\pi|S|^{1/2}=25.8578\ (\text{hm}^2)$$

（3）平均值法

巢区面积估计值受捕点数所影响，而图形法受调查时间限制，捕点数有限，巢区面积估计值受捕点数所影响。为了改进巢区面积的估算方法，可以根据巢区内动物的行动是随机的假设，设计一个独立地对待捕点的方法，即从每个个体的全部捕点 n，再作全部组合。如分 2 点（C_n^2）、3 点（C_n^3）、4 点（C_n^4），不同捕点数的组合数可计为 C_n^r，并可依以下公式计算：

$$C_n^r = \frac{n!}{r!(n-r)!}$$

把各种组合作图表示，采用包括周边的地带法进行各个面积计算，然后把同一捕点数的各个组合的面积平均，作为该捕点数的巢区面积。图 2.3 是某种鼠的捕点分布，共有 6 个捕获点（n=6），2 个捕获点时的组合数有

$$C_6^2 = \frac{6!}{2!(6-2)!} = 15 \text{ 个}$$

其中组合 1、3 的面积等于 500，组合 1、4 的面积等于 300，组合 1、5 的面积等于 300……，两个捕点的平均巢区面积 S_2=340。三个捕点有 C_6^3=20 个组合，S_3=530，依次类推，S_4=693，S_5=850，S_6=1 000。随着捕点数的增加，S_x 值逐渐增加，但增加量逐渐减少，直到巢区面积 A 时，再延长捕捉时间，也不再增加。因此，

$$S_x - S_{x-1} = \alpha(A - S_x)$$

其中 S_x 表示捕点数为 x 时的面积，x=1，2，…；A 为待求的巢区面积，α为常数（$\alpha > 0$）。由上式可以推导出：

$$S_x = \frac{\alpha A}{1+\alpha} + \frac{1}{1+\alpha} S_{x-1}$$

为了求巢区面积 A，可以根据上面 S_1，S_2，…的数字，求 S_{x+1} 对 S_x 的直线回归（图 2.4），其中，

$$\text{斜率} = \frac{1}{1+\alpha}, \quad \text{截距} = \frac{\alpha A}{1+\alpha}$$

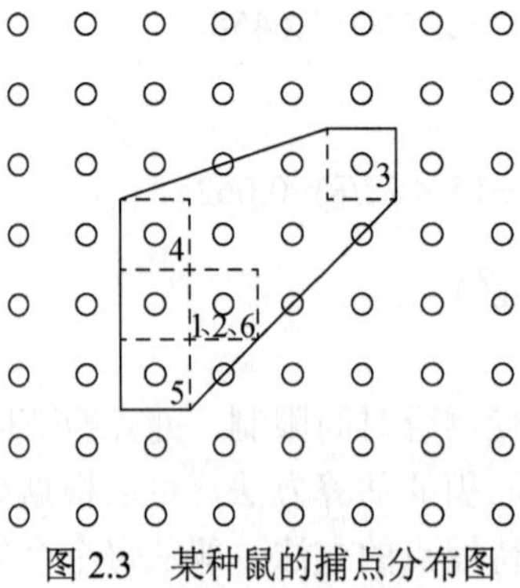

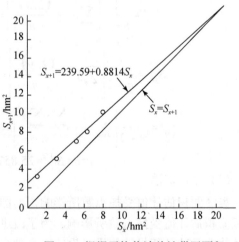

图 2.3 某种鼠的捕点分布图

（数字表示捕点的序号）

图 2.4 根据平均值法估计巢区面积

（图示 S_{x+1} 与 S_x 的关系）

计算斜率和截距可得：

直线回归 S_{x+1}=239.59+0.881 4S_x

已知：$\dfrac{1}{1+\alpha}$=0.881 4，可得出：α=0.134 5

因为，$\dfrac{\alpha A}{1+\alpha}$=239.59，所以，$A$=2 020.75

【实验材料与设备】

1. 实验动物：田鼠等。

2. 实验设备：米格纸、透明塑料片、计算器、捕鼠笼、诱饵、剪刀、天平等。

【实验步骤】

1. 人工种群实验

人工种群实验的目的是比较前述估计巢区面积法的区别。设计一理想条件，没有捕点数、样方边缘、捕获率和其他现实种群中可能遇到的种种干扰，从而比较各种巢区估计法的区别。

在 40 cm×40 cm 的米格纸上，按 1 cm、2 cm 两种间隔布设"捕笼"，相应的共有 1 681 个和 441 个捕笼。用直径为 4 cm 的圆形透明塑料片表示巢区，其面积为 π×2²=12.566 4 cm²，将其随机地投抛于米格纸上，根据落入巢区内的捕笼排列和数目，以最小面积法，包括和不包括周边的地带法确定巢区面积。做 50 次投抛实验。再以 6.7 cm×2 cm 的长圆形透明塑料片作为巢区，其面积为 12 cm²，进行同样的投抛实验。将所获结果进行统计分析，计算巢区平均面积、标准离差、标准误和变异范围。

按这样设计的实验：①所有动物均在巢区内捕笼所捕获，而不在其他捕笼中被捕；②所有个体在该实验中具有同样形状、同样大小的巢区；③巢区具有明确的、一定的边界。因此，本实验是在理想的条件下，比较不同估算方法本身的区别。

2. 野外实验

在野外鼠密度较高的地方选择 100 m×100 m 样地，按 10 m 间隔方格式布笼，进行标记重捕调查。对进笼鼠以剪趾标记、称重、鉴定性别后在原地释放。每天巡视 3~4 次。根据捕获记录，用不包括周边的地带法、圆形法、椭圆形法、平均值法估算巢区面积，并比较其结果。

如不具备野外工作条件，试用上述四种方法估计图 2.5 中 A、B、C 三个捕点分布图的巢区面积。

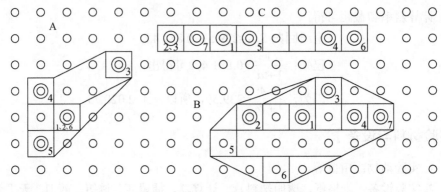

图 2.5　A、B、C 三种巢区面积

【思考题】

1. 巢区研究所提供的信息对了解动物种内竞争和个体利用资源的行为有何意义？

2. 巢区面积各种估算法的优点和缺点是什么？

第11章　群落生态学

实验 17　校园植物群落物种多样性的测定

【实验目的】

1. 学习常用的物种多样性指数的计算方法。
2. 了解各类物种多样性指数的特点、测度方法及其生态学意义。
3. 熟悉样方法在生态学调查中的应用。

【实验原理】

生物多样性是指生物中的多样化和变异性以及物种生境的生态复杂性。生物多样性可以分为遗传多样性、物种多样性和生态系统多样性三个层次。其中，物种多样性是决定群落性质最重要的因素，也是鉴别不同群落类型的最基本特征，还可以反映出植物群落的复杂程度，是群落生物组成和结构的重要指标。物种多样性具有两层含义：一是指一个群落或生境中物种数目的多少（即物种的数目或丰富度）；二是指一个群落或生境中全部物种个体数目的分配状况，它反映的是各物种个体数目分配的均匀程度（即均匀度）。群落的复杂性可以用多样性来衡量。

植物群落物种组成与物种多样性调查可在一定面积的样方中进行，因此，样方的设置要有代表性，面积要合理。一般来说，构成群落的物种具有一定的数量特征，如密度、盖度、高度、优势度、重要值等。

【实验材料与设备】

样方测绳、罗盘仪、钢围尺、皮尺（50 m）、GPS、样方框（1 m×1 m）、测高仪、海拔仪、标本夹、数据记录表（如表2.18、表2.19、表2.20）等。

【实验步骤】

1. 样地的选择

本实验在校园内进行。在踏查的基础上，根据校园的实际情况，选择不同类型的植物群落，如人工栽植的树林、灌丛、校园内的杂草群落等，并将样地的基本情况记入表 2.18 中。

表 2.18　植物群落样地基本情况调查表

调查者：		样方号：		日期：	
植物群落类型：					
地理位置：		经纬度：		海拔：	
地貌：			土壤类型：		
坡向：	坡度：		地形：		坡位：
土壤情况：			人为活动情况：		

2. 群落类型及样方大小的选择

在校园人工林中选择一个样方面积为 10 m×10 m 或 20 m×20 m 的常绿阔叶林群落，并将 10 m×10 m 的样方划分为 4 个面积为 5 m×5 m 的小样方。

3. 群落内环境数据及物种组成的调查

（1）地理数据的测定：用 GPS 测定每个样方的经纬度。用海拔仪测定海拔高度。用坡度仪测出样地的坡度和坡向。判断土壤类型、土层厚度、地形及群落内人为活动等情况。将这些数据记录到表 2.18 中。

（2）乔木层数据调查：在每个 5 m×5 m 小样方内调查乔木层树种的数目，目测出样方的总郁闭度。将样方内所有的植物进行科、属、种分类，编制一份群落的生物种类名单。然后统计样方内每个树种的株数，用围尺测量胸径、用测高仪测量树高。将数据记录到表 2.19 中。

表 2.19　植物群落样方乔木层调查

乔木层　　　　　　　　样方面积：　　　　　　　　　总郁闭度：

树种名称	个体数/株	胸径/cm	高度/m

（3）灌木层数据的调查：在同样的 5 m×5 m 小样方内调查灌木层中的物种数，目测每个灌木种类的盖度、平均高度以及多度。在 10 m×10 m 的样方中随机选取

5 个 1 m×1 m 的草本植物样方，然后进行草本层每个植物物种的盖度、平均高度及多度的调查，并将数据填入表 2.20。将样方内所有的植物进行科、属、种分类，编制一份群落的生物种类名单。

表 2.20　植物群落样方灌草层调查

灌草层		样方面积：	总盖度：
树种名称	多度	盖度	平均高度/cm

4. 多样性指数的计算

植物尤其是草本植物数目多，且禾本科植物多为丛生，计数很困难，故采用每个物种的重要值来代替每个物种个体数目这一指标，作为多样性指数的计数依据。因此首先按照重要值的计算公式，计算出每个物种的重要值，再代入辛普森多样性指数、香农–维纳多样性指数和均匀度指数计算公式中，分别计算群落各层的多样性指数。

具体计算公式参照第二章。

可在 Excel 软件、vegan 程序包中完成上述指数的计算。

【实验注意事项】

1. 使用 GPS 时，应避开建筑、密林等障碍物，以免影响卫星信号的接收。

2. 用样绳（或皮尺）确定样方时，须将样方边框拉直，边框与边框相互垂直，呈现为完整的正方形。

【思考题】

1. 三种物种多样性指数的共同特征是什么？

2. 对比分析不同类型的物种多样性特点及其原因？

3. 根据多样性指数分析一个群落多样性与环境条件的关系。

4. 样方面积的大小对多样性指数的影响。

实验 18　校园鸟类多样性观察

【实验目的】

1. 了解校园及周边常见鸟类物种组成及其分布特征。
2. 了解鸟类物种组成与生态环境的关系。
3. 掌握鸟类野外识别和鉴定方法。
4. 掌握鸟类多样性的调查和分析方法。

【实验材料与设备】

望远镜、记录本、中国野外鸟类图鉴等。

【实验步骤】

1. 鸟类调查方法

常用的鸟类多样性调查方法有样线法、样点法、固定面积法、网捕法、领域标图法、红外相机自动拍摄法等。另外，学生也可根据当地地形情况，查阅文献后自行设计调查方法。这里仅介绍最常用的方法——样线法。

样线法：可选择校园及其周边地区进行调查。根据校园及其周边地区植被、地形等情况，将生境划分为几种类型，例如可将某一地区划分为湿地、农田、树林或灌丛等。然后在每种生境中选择样线 2～4 条，每条 2.5～4 km 不等，视具体情况而定。以 1.5～3 km/h 的速度行走，记录样线两侧 50 m 以内听到或看到的所有鸟类的种类和数量。

2. 鸟类的鉴定和计数

调查方法确定后，由教师带队，将学生分成小组，每组 10 人左右，在不同生境收集鸟类多样性的数据。以样线法为例：每组以 1.5～3 km/h 的速度在预先选好的样线上前行，记录样线两侧 50 m 内鸟类的种类和数量，即遇到鸟类后用望远镜观测清楚，对照中国鸟类图鉴进行种类鉴定，记录每种鸟类的数量。常见种类可根据形态、鸣叫、飞行姿势等进行综合判断。对于没有野外鉴定经验的学生，行走速度可适当放慢，让学生注意观察鸟类的停留、飞行、鸣叫、取食等各种生活习性。

3. 数据处理方法

鸟类多样性的定量研究内容一般包括鸟类的多样性指数、均匀度指数和密度等。

鸟类多样性指数和均匀度指数采用第二章中的香农-维纳多样性指数和均匀度指数公式。密度公式为

$$D=N/(2LW)$$

式中，D 为鸟类密度；N 为样带内记录的鸟类数量；L 为样线长度；W 为样线单边宽度。

【实验注意事项】

1. 对于鸟类来说，调查时间尽量安排在清晨，此时鸟类活动频繁，易于观察。

2. 观察识别鸟类时，在现场与图鉴对比，最好能够查找出鸟的正确名称。如果没带图鉴，需要把观察获得的各种信息详细记录在笔记本上，最好画一张观察鸟的形态草图，记下鸟各个部位的颜色，以便今后依据图鉴查找辨认，或请教有关专家。在野外记录的线索越多，信息越详细，越有助于查找确定鸟的种类。

3. 鸟类视力敏锐，听觉灵敏，对鲜艳明亮的色彩和迅速移动的物体很敏感。因此，观鸟时不要穿黄、红、橙、白等颜色鲜艳的服装，宜选择与自然环境协调近似的草绿、棕褐色的棉布服装或者迷彩服。

4. 观察鸟类动作要尽量轻缓，不做突然而迅速的动作，不要大声说话、叫喊，也不要喋喋不休地聊天，否则容易将鸟惊飞。要学会静悄悄地活动，需要与同伴交流信息时，要尽量低声。发现鸟后，需要走近观察时，行走要慢而轻，尽量不发出声音，随时注意鸟的行为，发现鸟紧张不安，就要马上停下来，静静地站立不动，或者马上慢慢地后退一段距离，等鸟恢复正常活动，再进行观察。

【思考题】

1. 鸟类多样性与生境有何关系？

2. 不同生境及环境因子对鸟类组成与鸟类多样性有什么影响？

实验 19　植物种间关联与分离的测定

【实验目的】

1. 了解种间关联与分离研究方法的基本原理。
2. 掌握种间关联与分离分析的统计学方法。
3. 利用统计软件进行种间关联与分离的分析。
4. 通过对群落种间关联与分离分析，认识种间关联与分离分析的意义。

【实验原理】

种间关系可以通过种间分离和种间关联来表述，它们通常是由于群落生境的差异影响了物种的分布而引起的，是对一定时期内植物群落物种组成间相互关系的静态描述。种间关联是指两个物种可能因为生境需求的相似性，单惠或互惠的种间关系能在一定空间共存的现象。在一个群落中，如果两个种一块出现的次数高于期望值，它们就具有正关联。正关联可能是因一个种依赖于另一个种而存在，或两者受生物和非生物的环境因子影响而生长在一起。如果两个种一块出现的次数低于期望值，则它们就具有负关联。负关联则是由于空间排挤、竞争、化感作用，或不同的环境需求而引起。种间分离是佩卢（Pielou）首先提出来的，它是指两个种或几个种的个体交错分布的程度，它以两个物种个体的邻体关系为基础。

种间关联分析是根据野外调查的二元数据，将原始数据转化为 0，1 形式的二元数据矩阵，构建种间的 2×2 列联表（表 2.21），然后基于 2×2 列联表来分析种间关联情况。

表 2.21　关联系数 2×2 列联表

		种 B		总计
		出现的样方数	不出现的样方数	
种 A	出现的样方数	a	b	$a+b$
	不出现的样方数	c	d	$c+d$
	合计	$a+c$	$b+d$	$a+b+c+d$

注：a 为种 A 和种 B 均出现的样方数，b 为仅有种 A 出现的样方数，c 为仅有种 B 出现的样方数，d 为两个种均不出现的样方数，样方总数 $n=a+b+c+d$。

种间是否关联常用关联系数来表示。关联系数常用下列公式计算：

$$V = \frac{(ad - bc)}{\sqrt{(a+b)(c+d)(a+c)(b+d)}}$$

其中 V 是关联系数, 变化范围从 -1 到 1。$ad>bc$, V 为正值, 表示正关联; $ad<bc$, V 为负值, 表示负关联; $ad=bd$, $V=0$, 表示无关联。关联系数的显著性的检验采用 χ^2 检验法, 即:

$$\chi^2 = \frac{(ad - bc)^2 n}{(a+b)(a+c)(b+d)(c+d)}$$

根据 χ^2 结果查表, 当 $P>0.05$ 时, 即 $\chi^2<3.841$ 时, 种间关联不显著; 当 $0.01<p\leq0.05$ 时, 即 $3.841\leq\chi^2<6.635$, 种间关联显著; 当 $p\leq0.01$ 时, 即 $\chi^2\geq6.635$, 种间关联极显著。

Pielou 在构建 2×2 最近邻体列联表的基础上, 提出了种间分离指数。Pielou 的 2×2 最近邻体列联表中, 基株涵盖了群落中所有个体。通过将 Pielou 的 2×2 最近邻体列联表进行扩展, 可得到一个 $N×N$ 最近邻体列联表 (表 2.22)。截取上述 $N×N$ 最近邻体列联表, 即可得到关于种 i 和种 j 的 2×2 最近邻体列联表 (表 2.23)。再将列表内数据代入 Pielou 的种间分离指数公式进行计算, 最后根据计算的数值分析成对物种间的分离程度。Pielou 分离指数 (S) 的计算方式为

$$S = 1 - \frac{N_{ij}(n_{ij} - n_{ji})}{(n_{ii} + n_{ij})(n_{ij} + n_{jj})(n_{ji} + n_{jj})(n_{ii} + n_{ji})} = \frac{2(n_{ii}n_{jj} - n_{ij}n_{ji})}{(n_{ii} + n_{ij})(n_{ij} + n_{jj})(n_{ji} + n_{jj})(n_{ii} + n_{ji})}$$

式中, 如果 n_{ij} 值为 0, 即意味着这类种对出现的概率很小, 我们给这些 n_{ij} 加权 0.001。这样做首先不会改变种间分离的性质, 其次既可以避免公式中出现零分母而且也更符合实际。分离指数 S 值的变化在 -1 和 +1 之间, 当 $n_{ii}=n_{jj}=0$ 并且 $n_{ij}=n_{ji}\neq0$ 时, 也就是说不存在同种毗邻时, S 达到最小值 -1, 两个物种发生最大可能的负分离; 当 $n_{ij}=n_{ji}=0$ 并且 $n_{ii}=n_{jj}\neq0$ 时, 也就是说两个物种不存在相互毗邻, S 达到最大值 +1, 两个物种发生最大可能的正分离; 当 $n_{ii}n_{jj}=n_{ij}n_{ji}$ 时, $S=0$, 两个物种完全随机毗邻。

表 2.22　$N×N$ 最近邻体列联表

基株	最近邻体					
	种 1 S_1	种 2 S_2	种 3 S_3	...	种 k S_k	总计
种 1 S_1	n_{11}	n_{12}	n_{13}	...	n_{1k}	f_1
种 2 S_2	n_{21}	n_{22}	n_{23}	...	n_{2k}	f_2
种 3 S_3	n_{31}	n_{32}	n_{33}	...	n_{3k}	f_3
...	...	...	...	...	...	...
种 k S_k	n_{k1}	n_{k2}	n_{k3}	...	n_{kk}	f_k
总计	S_1	S_2	S_3	...	S_k	N

注: k: 样地中总物种数; n_{ij}: 种 i 个体的最近邻体是种 j 的个体时的数目; N: 样方内所有个体的总和; f_i: 种 i 的个体数; S_i: 以种 i 为最近邻体的个体总数。

表 2.23　2×2 最近邻体列联表

基株	最近邻体		
	种 S_i	种 S_j	总计
种 S_i	n_{ii}	n_{ij}	$n_{ii}+n_{ij}$
种 S_j	n_{ji}	n_{jj}	$n_{ji}+n_{jj}$
总计	$n_{ii}+n_{ji}$	$n_{ij}+n_{jj}$	N_{ij}

注：N_{ij} 为种 i 和种 j 个体之和，其余符号同表 2.22。

【实验材料与设备】

记录本、笔、计算机，其余同本章实验 17 等。

【实验步骤】

1. 通过野外调查获得某一区域或某一类型群落样地的数据，如物种的数量指标，多度、盖度、重要值等，以及样方内物种存在与否的二元数据等。也可用已有的群落调查数据。

2. 利用 Excel 软件和 spaa 程序包等完成种间关联与分离的分析。

3. 对上述计算结果进行生态学分析，并将所有物种划分为若干生态种组。

【思考题】

1. 2×2 列联表的 χ^2 检验和种间分离指数对数据有哪些要求？

2. 种间关联与分离有何异同？

实验 20　植物群落的生活型谱观测

【实验目的】

1. 掌握划分植物生活型的方法。

2. 通过不同地区和不同植被类型生活型的分析，进一步认识植物与环境的关系及划分植物生活型的生态意义。

【实验原理】

生活型是生物对外界环境适应的外部表现形式。同一生活型的生物，不但体态相似，而且在适应特点上也是相似的。对植物而言，其生活型是植物对综合环境条件的长期适应，在外貌上反映出来的植物类型。它的形成是植物对相同环境条件趋同适应的结果。

在同一类生活型中，常常包括了在分类系统上地位不同的许多种，因为不论各种植物在系统分类上的位置如何，只要对某一环境具有相同或相似的适应方式和途径，并在外貌上具有相似的特征，都属于同一类生活型。关于植物生活型的分类有各种标准和系统，一般采用丹麦生态学家劳恩凯尔（Raunkiaer）生活型和《中国植被》生活型系统。

【实验材料与设备】

记录表、笔、不同生活型的植物标本等。

【实验步骤】

1. 实验地点选择

本实验在校园内进行。在踏查的基础上，根据校园的实际情况，选择不同类型的植物群落，如人工栽植的树林、灌丛、草地群落。

2. 样方设置

选择代表性生境设置样方，包括人工栽植的树林、灌丛、草地。样方大小：草地 $1 \, m^2$、灌丛 $25 \, m^2$、林地 $100 \sim 200 \, m^2$。

每组（4～5 人）于各类生境中设样方 1 个。记录样方中植物名称、物种数、各物种个体数（表 2.24）。

表 2.24　群落中植物的种类

物种名称	个体数	生活型	备注

3. 确定生活型谱

生活型类型包括：乔木、灌木、木质藤本、草质藤本、一年生草本植物、二年生草本植物、多年生草本植物。

记录所有样方的全部植物种类，列出植物名录，确定每种植物的生活型，然后把同一生活型的种类归到一起，按下列公式计算：

$$某一种生活型（\%）=\frac{某一种生活型的植物种数}{全部植物种数}\times 100\%$$

若校园调查不便，也可以利用植物标本资料或已有的调查资料。

【实验注意事项】

1. 在实际调查时，应当根据群落的特征、分布状况选择在有代表性的地段取样调查。

2. 调查过程中对一些灌木、草本种类不能直接定名时，应立即采集标本并编号。

3. 如果有可能，教师可提供一些实物照片供学生了解。

【思考题】

1. 不同生活型植物实际反映出它们的高低不同，这种说法是否正确？

2. 划分植物生活型的生态学意义是什么？

3. 制作植物生活型谱应注意哪些问题？

4. 我国西南地区如广西南宁，炎热潮湿，其植物生活型谱具备什么特点？

实验 21　林窗干扰对植物群落组成与结构的影响

【实验目的】

1. 掌握野外调查不同大小林窗的方法。
2. 了解和分析林窗干扰对群落结构的影响。

【实验原理】

　　林窗是森林经常发生的重要干扰之一，通常是指由一株或数株冠层树木死亡或倒伐后，森林冠层空间在地面的垂直投影区域，是造成森林环境异质性的重要因子。林窗干扰与生物多样性有密切的关系，它是森林群落内物种共存和生物多样性维持的基础，是森林更新和演替的重要过程。林窗形成后，内部小环境特征必将发生相应的变化，并随着林窗形状、大小及位置的不同而表现出不同的特点，可能给更新幼苗及其他植物提供有利或不利条件。林窗形成后微环境的异质性对植物侵入、种子萌发、幼苗定居具有选择作用，是森林生态系统长期变化中必不可少的驱动要素，在森林群落结构与动态过程中起着重要的作用。林窗的大小是林窗的重要特征，直接影响着林窗的光照、温度和其他生态环境因子，提供了林窗内更新种类所能利用的空间资源，将对植物的生长与物种更新产生不同的作用。

【实验材料与设备】

　　测绳（或皮尺）、钢围尺、罗盘仪、测高仪、标本夹、记录本、笔、标签等。

【实验步骤】

　　1. 野外样方调查：在野外选取有林窗干扰（如树木死亡、折枝、倒木等）的森林群落作为研究对象，在踏查基础上，随机选定林窗并测量其最大直径（L）和与其相垂直的直径（W），以椭圆形公式 $A=\pi LW/4$ 计算其扩展林窗的面积。共设置 10 个 5 m×5 m 的典型林窗样地，并在林窗附近设置面积相同的对照样地；在林窗和非林窗样地中随机设置 5 个 2 m×2 m 的灌木样方；在每个灌木样方的一角，设一个 1 m×1 m 的草本样方。调查项目主要包括：林窗的形状、大小、形成方式；林窗样地物种种类、株数、高度、胸径、基径、冠幅；非林窗林地乔木和灌木的高度、枝下高、胸径、基径、冠幅、盖度、频度等；草本植物的高度、盖度、频度。记录各个样方的海拔、坡度、坡向、坡位。

2. 数据处理与分析：通过野外调查数据，计算出现在样地中的乔、灌、草植物的重要值。再以物种重要值这一综合指标为基础，计测各样地乔、灌、草植物的物种丰富度指数（S）、辛普森多样性指数、香农–维纳多样性指数和均匀度指数。采用 SPSS 软件进行数据的差异性检验和方差分析。利用独立样本 T 检验方法检验林窗和非林窗物种多样性的差异，分析林窗干扰对植物群落组成与结构的影响。

具体计算公式参照第二章。

【实验注意事项】

1. 野外调查时注意选择林窗干扰样地的代表性。
2. 要设置面积相同的非林窗对照样地，以便进行比较。

【思考题】

1. 不同大小林窗对植物多样性的影响？
2. 林窗与非林窗物种组成与结构有何差异？
3. 林窗干扰对生物多样性的维持有何作用？

实验 22　不同演替阶段植物群落结构的比较

【实验目的】

1. 掌握群落演替的概念，熟悉群落演替的相关研究方法。
2. 了解群落演替的进程，加深对生物群落演替的理解和认识。
3. 了解不同演替阶段植物群落结构的差异。

【实验原理】

演替是一个生物群落被另一个群落所取代的过程，它是群落动态最重要的表现形式。群落演替是指群落随着时间的推移而发生的有规律变化。一般而言，一个先锋植物群落在裸地上形成后，不久便发生演替，一个群落接着一个群落相继不断地为另一个群落所代替，直至顶级群落，这一演替过程就是一个演替系列。不同的演替阶段，其群落结构、物种组成和多样性都会有差异。

群落演替实际上是一个时空耦合问题，即演替不仅与某一空间的生态环境密切相关，而且也与演替发生的时间长短有关。因此，在进行群落演替研究，必须同时考虑空间和时间因素的作用和影响。通常采用"空间代替时间"的研究方法来观察植物群落的演替过程。

【实验材料与设备】

样方框、测绳（或皮尺）、钢围尺、罗盘仪、GPS、测高仪、标本夹、记录本、笔、标签等。

【实验步骤】

1. 长期定位观测样地的研究方法

如果学校及其所在地区已建有不同演替阶段的长期定位观测样地，可以结合该观测样地开展群落演替的调查，用样方法调查不同演替阶段典型植物群落的物种组成、结构和生态环境指标等，比较不同演替阶段植物群落结构的异同。

2. 空间代替时间的研究方法

如果所在地区，缺乏长期的植物群落演替定位观测站，同时，由于人为破坏，很难找到原有的或自然的、完整的植物群落演替序列，且演替历史（时间阶段）又不可回溯或恢复。那么，在生态学中，通常采用"以空间代替时间"的方法来研究生态演替，即假设在距离相近的地区或相似的地方，具备相似的生态环境与相似的植物演替系列。因此，如果在这些相似的环境中仍保留着或能找到不同发育（年龄）阶段的植物群落，则可以用这些植物群落分别代表该类群落演替进程中相应的时间序列，通过处于相似空间的、不同发育阶段的植物群落类型来间接地代替群落演替的时间进程，即进行"空间与时间的置换"。

"空间代替时间"群落演替的具体实验步骤如下：

①样地选择：选取一个小流域，在坡地上，尽量在相似的地貌部位，分别选取不同年限的退耕还林地，以及相对未经破坏的原生林地（近似于顶级群落），设置相关的观测样地。

②样地调查：在设置的一系列植物演替样地中，按照样地调查法进行群落物种组成与结构等方面的调查，调查内容包括植物群落不同演替阶段的物种组成、空间结构和相关的生态环境指标等。

【实验结果与分析】

对实验调查结果进行相应的统计分析，将结果填入表 2.25 中。比较分析不同演替阶段植物群落的物种组成、结构等之间的差异。

表 2.25 不同演替阶段的植物群落结构调查

演替阶段	优势种	物种数	多样性指数	盖度	高度	其他指标
草丛（或撂荒、恢复 1 年）						
灌丛（或撂荒、恢复 3 年）						
乔林（或撂荒、恢复 5 年）						
顶级群落（或自然群落）						

【实验注意事项】

当采用"空间代替时间"群落演替的实验方法时，一定要谨慎，若对植物群落以前的演替历史、人为干扰方式、立地条件等不了解，单凭选择不同撂荒年限的样地来近似代替群落的演替阶段，往往会产生偏差、误导乃至错误，因此，当选择样地时，一定要充分调查样地的历史信息，同时也要向学生讲明相关情况或问题，包括这种方法的局限性。

【思考题】

1. 如何能直观地观察到生物群落的自然演替过程?
2. 顶级群落如何确定?
3. 原生演替与次生演替有何不同?
4. 影响群落结构的主要因素?

实验 23　　植物群落的分类与排序

【实验目的】

1. 使学生加深理解植物群落分类与排序的意义，认识植物群落分布与环境之间的相互关系。

2. 通过植物群落分类与排序，帮助学生加深理解植物群落分布既有连续性又有间断性的特性。

3. 掌握主成分分析的方法，并了解其他排序的方法。

【实验原理】

群落分类的主要分类单位分三级：植被型（高级单位）、群系（中级单位）和群丛（基本单位）。每一等级之上和之下又各设一个辅助单位和补充单位。高级单位的分类依据侧重于外貌、结构和生态地理特征，中级和中级以下的单位则侧重于种类组成。

排序（ordination）是将一个地区内所调查的群落样地，按照相似度来排定各样地的位序，从而分析各样地之间及其与生境之间的相互关系。排序方法可分为两类：一是直接梯度分析（direct gradient analysis），即以群落生境或其中某一生态因子的变化，排定样地生境的位序。另一类是间接梯度分析（indirect gradiant analysis），是用植物群落本身属性（如：种的出现与否，种的频度、盖度等），排定群落样地的位序。

排序首先要降低空间的维数，即减少坐标轴的数目。如果可以用一维坐标来描述实体，则实体就排在一条线上；用二维坐标描述实体，点就排在平面上，都是很直观的。如果用三维坐标，也可勉强将实体表现在立体图形上，一旦超过三维就无法表示成直观的图形。因此，排序总是力图用二、三维的图形去表示实体，以便于直观地了解实体点的排列。但是，排序的方法应该使由降维引起的信息损失尽量少，即发生最小的畸变。

通过排序可以显示出实体在属性空间中位置的相对关系和变化趋势。如果它们构成分离的若干点集，也可以达到分类的目的；结合其他生态学指数，还可以用来研究演替过程，找出演替的客观数量指标。如果我们既用物种组成的数据，又用环境因素的数据去排序同一实体集合，根据两者的变化趋势，容易揭示出植物种生长、分布与环境的关系，从而提出生态解释的假设。如果同时用这两类不同性质的属性（物种组成及环境因素）去对实体进行排序，更能找出两者的关系。

最早使用的间接梯度分析方法是极点排序法。其后，主成分分析（PCA）问世，它具有严格的数学基础，是所有近代排序方法中用得最多的一种。最后，还有无趋势对应分析（DCA）和典范对应分析（CCA）。

【实验材料与设备】

计算机、可用于进行主成分分析、典范对应分析、无趋势对应分析、TWINSPAN二维指示种分析的软件或程序包（如 Canoco 软件、Pc-ord 软件、vegan 包等）。

【实验步骤】

1. 在野外选取随海拔升高（或沿某一环境梯度方向）植被类型发生比较明显更替的区域，沿海拔升高或某一环境梯度方向，根据当地地形与植物群落特点设置植物群落样方（样地与样方的选择参看本章实验 17 中的方法），获取排序与分类所需要的群落学参数数据。或者使用已有的调查数据。

2. 根据需要获取研究区域的气象资料与地理参数数据，通过做土壤剖面样方获取土壤有机质含量、pH、土壤有效氮、磷、钾等参数数据。或者使用已有的调查数据。

3. 在学习掌握植物群落分类与排序原理与方法的基础上，选择一种排序与分类方法，根据野外考察所获得植物群落属性样方数据、环境因子数据，进行植物群落的排序与分类。

4. 对于得到的排序或分类结果，给予环境解释。

【思考题】

1. 什么是排序？排序可分为哪两类，各有什么特点？
2. 群落的分类与排序有何不同与联系？排序在生态学研究中有什么意义？

第 12 章　生态系统生态学

实验 24　池塘生态系统营养结构的观测

【实验目的】

1. 了解生态系统结构分析的基本方法。
2. 通过查阅资料、分析和讨论结果，加深对食物链、食物网及其功能的理解。

【实验原理】

生态系统是在一定空间中共同栖居着的所有生物（即生物群落）与其环境之间通过不断地进行物质循环和能量流动过程而形成的统一整体。能量和营养是任何生物最基本的生活需要。生态系统的三大功能群，生产者、消费者和分解者，通过最基本的食物与营养关系联系在一起。生产者捕获光能，经光合作用利用二氧化碳和水合成有机物；消费者为异养生物，只能以其他生物（植物、动物）或死有机物为食，获取能量用于生命活动。消费者中依赖死有机物质生活的，又可分为分解者（细菌、真菌）和食腐者（无脊椎、脊椎动物）。分解者能够把动植物的残体分解成简单的化合物和元素归还给自然界，重新供植物利用，在生态系统物质循环过程中发挥着重要作用，所以常作为一类单独列出。生态系统中所有生物依食物关系而形成的复杂网状结构称为食物网，生态系统生物之间依据取食和被食关系而形成的链状关系称为食物链，食物网和食物链构成生态系统的营养结构。

本实验中，以池塘生态系统为研究对象，通过采样辨别生物构成，查阅文献了解构成生物的营养方式（异养或自养），最后构建和分析所观察的池塘生态系统的营养结构。

【实验材料与设备】

采泥器、浮游生物网、塑料桶、样本瓶、捞网、剪刀、温度计、流速计、塞氏盘、金属筛、解剖镜、显微镜、塑料袋、水生动植物分类图鉴、记录本、笔等。

【实验步骤】

1. 本实验开始前请先熟悉生态系统的概念、结构与功能的相关内容,并查阅文献了解静水生态系统的环境特点、物质组成、生产力与功能特点等。

2. 在学校附近或公园找一个池塘,记录采样区域环境(水体温度、水体透明度、水深等)后分别用采泥器、浮游生物网、捞网等采集浮游生物、底栖生物和较大型水生动物与水生植物,样本带回实验室进行分析。

3. 在教师帮助下,借助图鉴、解剖镜和显微镜,对所采样本进行分类,注意对数量多的优势种要详细观测其形态、构造特点。将学生分成不同的小组,分别对不同类别的样本进行分类,记录其大致数量。最后将池塘生物系统中所出现的生物种类进行汇总(可忽略微小的分解者)。

4. 列出数量最多的类群优势种类,课后让学生去查阅文献,了解其生态习性,特别是食物特点。

5. 根据调查结果,列出和分析池塘生态系统的典型食物链和食物网构成。

【实验注意事项】

1. 大型水生植物不方便带回室内的,可拍照或采集叶片回室内检索。

2. 在池塘边采样时要注意安全。

【思考题】

1. 水域生态系统的营养结构有何特点?

2. 根据所构建的食物链与食物网,结合水生生物的特点,能否画出池塘生态系统的能量流动图?

3. 池塘生态系统的营养结构有何特点?

实验 25　食物链和生态金字塔的调查

【实验目的】

1. 了解身边的食物链与食物网。

2. 加深对生态金字塔理论的理解，培养学生的观察能力和独立完成实验的能力。

【实验原理】

在我们生活的周围有不少含有有关食物链和生态金字塔的实例，如平常说的"螳螂捕蝉，黄雀在后"，"大鱼吃小鱼，小鱼吃虾，虾吃泥巴"，"一山不容二虎"等。这些现象在我们周围，但有可能被我们忽略，因此通过本实验培养学生仔细观察周围现象、运用所学知识解释这些现象的能力。

食物链是生态系统中，由于食性原因所建立的，不同生物之间在营养关系上一环扣一环的链条式关系。自然界中各个不同的生物功能类群都分属于某个营养级，一般说绿色植物和所有自养生物占据第一营养级（生产者），以生产者（主要是绿色植物）为食的植食者占据第二个营养级（一级消费者），肉食者占据第三个营养级（二级消费者）。这就形成了绿色植物—植食者—肉食者的食物链。同时，在我们周围的环境中一般也可以观察到同一样地中绿色植物数量最多，植食者次之，肉食者最少，也即生物体的数量随营养级的提高会逐渐减少，构成了数量金字塔；同时能量也会随营养级的增加逐渐减少，构成了能量金字塔；以各营养级生物干重或湿重表示每一营养级中的生物量，构成了生物量金字塔。以上这 3 种金字塔均为生态金字塔，又称生态锥体。3 种金字塔中以能量金字塔最为客观和全面。

【实验材料与设备】

捕虫网、记录本、记录笔、电子天平、粉碎机、热量计等。

【实验步骤】

1. 样地选择与样方设置

根据实验需要，在人为干扰较小或未经人为干扰的自然群落中设置样方，样方面积可根据需要设置，如 5 m×5 m、10 m×10 m、20 m×20 m 等。

2. 样方内各营养级数量调查

对样方内的消费者各营养级进行调查，调查前喷洒杀虫剂或麻醉剂，对于个别活动较强的消费者，可采用单独捕获法。杀虫剂或麻醉剂起作用后，收集样方内所有食草昆虫个体，计数 N_2；收集食肉昆虫个体，计数 N_3。对于绿色植物也要清查，计数 N_1。

3. 生物量测定

绿色植物生物量测定采用收获法，收获植物体地上部分（若样方面积设置较大时，可在样方中再分为若干个面积相等的小样方，仅收获小样方中的植物体的现存量，估算出整个样方的现存量即可）。把收获的植物体地上部分，带回实验室，在 105℃杀青后，置于 80℃烘箱中烘干至恒重；把植食者和肉食者分别于恒温箱中烘干到恒重；分别用电子天平或扭力天平称量记为 W_1、W_2、W_3。也可直接称湿重，无须烘干。

4. 能量测定

各营养级生物分别粉碎后取单位质量于氧弹式热量计中进行热值的测定，每种样品重复 3 次，取平均值作为最后结果。各营养级干物质生物量与相应的热值相乘（对于生产者的植物体如在收获时采用估算法，此时还应乘以估算系数），便得该样方内各营养级的现存能量，记为 E_1、E_2、E_3。

5. 结果分析

记录食物链、生态锥体调查结果，根据各营养级数量 N_1、N_2、N_3，各营养级生物量 W_1、W_2、W_3；各营养级能量 E_1、E_2、E_3，绘制相应的生态金字塔。

【思考题】

1. 3 种生态锥体中哪一种更为客观，为什么？
2. 水域生态系统的生态金字塔如何调查？

实验 26　水体初级生产力的测定

【实验目的】

1. 以"黑白瓶"测氧法，学习测定水体初级生产力的原理和操作方法。
2. 学习估算水体初级生产力方法。

【实验原理】

生态系统的初级生产过程主要是植物群落的光合作用过程。光合作用过程是吸收 CO_2 和释放 O_2，呼吸作用则是吸收 O_2 和释放 CO_2。因此，测定生态系统中 O_2 和 CO_2 含量的变化，是研究生态系统的生产过程和呼吸过程的主要手段。"黑白瓶"测氧法就是通过测定光合作用所产生的氧的量和呼吸作用消耗水中溶解氧的量，来估算水域生态系统总光合产量中的净生产量。由于光合作用释放氧的总量与生产有机物质的总量成正比，所以光合产量能代表总生产量，净光合产量能代表净生产量。

【实验材料与设备】

温度计、照度计、塞氏盘、250 mL 玻璃瓶（最好用无色透明的试剂瓶、磨砂瓶口）、厚黑布、塑料或锡箔纸、浮标、线绳、采水器、便携式溶解氧分析仪等。

【实验步骤】

1. 准备 3 个（或 3 个一组的多组）玻璃瓶，编号标记，并分别将玻璃瓶用厚黑布、白塑料布块或锡箔纸完全包裹。

2. 选择校园或附近一处水体（如小湖、池塘、小溪等），作为测定水体初级生产力的场所。用采水器在水中取样（如果可以，可分别在 0 m、0.5 m 和 1.5 m 等不同水层分别采集水样），注入编了号的黑白瓶中；注水时要将采水器导管插到瓶底，灌满瓶并溢流出 2～3 倍水，以排出玻璃瓶中原有的空气，保证黑白瓶中的溶解氧与水样的溶解氧完全一致；然后迅速拧紧磨口瓶塞。

3. 将一黑一白两瓶用架子悬挂在水体中（最好是悬挂在取水时的深度上，如果是在多个水层取水，要将各组黑白瓶分别悬挂到相应的水层），放置 24～72 h。

4. 初始瓶中溶解氧的测定：将第 3 瓶的瓶塞取下，用便携式溶解氧分析仪测定水中的溶解氧浓度。

5. 将黑白瓶在水中放置足够长时间后，再次取出测定其溶解氧浓度，同步骤4。

6. 推算出初级生产量和生产力。

白瓶溶解氧浓度与黑瓶溶解氧浓度之差代表了瓶内水体中生产者在放置时间内的总初级生产力。

原初溶解氧浓度与黑瓶溶解氧浓度之差代表了瓶内生产者的呼吸量。

瓶内水体中生产者的净初级生产量等同于白瓶溶解氧浓度与原初溶解氧浓度之差，也等同于总初级生产量与呼吸量之差。

【实验注意事项】

1. 测定工作最好在晴天进行。

2. 可用化学法测定溶解氧浓度，但一般较耗时、耗力、花费大；化学测定方法（如碘量法可参考专门的参考书）。

3. 此方法常常因忽略细菌对氧的消耗，而低估了植物的生产量。

4. 此方法只适用于初级生产者为浮游植物的水域生态系统。

【思考题】

1. 淡水水体初级生产力的高低受什么因素影响？

2. 水体的初级生产量与初级生产力有什么意义？

实验 27　林下凋落物和分解者调查

【实验目的】

1. 学习枯枝落叶的收集和土壤动物的调查方法。
2. 掌握陆地生态系统中分解亚系统调查的基本方法。

【实验原理】

从生态学意义来说，植物群落的枯枝落叶层可以影响植物和土壤动物的生境。分解过程使固定在植物及其他各营养级的有机物质分解为植物可以吸收利用的营养元素。在生态系统中，分解亚系统占有重要的地位，对其开展深入研究可以加强关于生态系统整体性的认识。

枯枝落叶的分解速度受环境因子、被分解物的质量和分解者类型数量的影响。分解者存在于枯落物层和土壤中。土壤性质、环境温度和湿度影响植物的生长，也影响分解者的各类群比、分布和数量。不同的生境有不同的群落类型和不同的分解者，分解指数（K）是判断系统中枯落物分解速度和物质还原的指标。枯落物分解是一个连续过程。本实验由于时间的限制，无法对枯落物进行连续的示踪观察，故采用通过计算地面不同枯落物各自所占的比例，对整个群落的枯落物分解状况进行了一个粗略的分析。另外，在分析分解过程的同时，对群落的分解者进行一个大概的调查，有助于我们对该生态系统认识的完整性。

【实验材料与设备】

小铲刀、塑料袋、镊子、药瓶、电子天平、烘箱、培养箱、pH 计、环刀、土壤盒、记号笔等。

【实验步骤】

1. 在校园或周围林下选择一片有枯落物的样地，按系统取样法（沿样地的对角线取等距离的 3 个点）设置 3 个 1 m×1 m 的样方，收集每一块样方内所有的枯落物，装入塑料袋，用记号笔标注。用镊子拣取枯落物中的动物放入药瓶。

2. 将环刀垂直放在地面压下取土样，每块样方取 3 个样品，分别装入有标记的土壤盒。

3. 用铲刀小心取地上 10 cm 的土壤放在塑料袋里，每个样方的土壤分别装入不同的塑料袋，用记号笔标注。带回实验室用漏斗法收集土壤中的线虫等小型土壤动物。取 200 g 土样分析 pH 和做微生物培养。

4. 将各个样方中收集到的枯落物进行分类，按枝、叶、果分开，再根据分解程度将其分为未分解枯落物、部分分解的枯落物、碎屑 3 个等级。然后分别放入 80℃的烘箱烘至恒重，称重并记录。

5. 将环刀取的土样称重后放入 110℃烘箱烘干至恒重，再次称重，计算土壤容重。

6. 将不同样方收集到的土壤动物分别分类和计数，并称重。

7. 微生物培养：有菌落出现时，分别查看和记录各个样地的土壤培养的菌类数量和物种组成。

8. 将结果进行分析，根据收集到的枯落物质量测算系统的分解指数：$K=I/X$。式中，K 为分解指数；I 为死有机物输入年总量；X 为系统中死有机物现存量。

【实验注意事项】

1. 在收集枯枝落叶过程中，样地的选择应具有代表性，条件许可的话可考虑增加样地的数量，以减少实验误差。

2. 收集枯枝落叶时，应尽量将杂物等去除干净，以使枯枝落叶干重残留量更准确。

【思考题】

1. 森林和草地生态系统的凋落物分解指数哪个高？为什么？

2. 如何对整个群落的枯落物分解状况进行详细的分析？

实验 28　凋落物分解过程的测定

【实验目的】

1. 掌握网袋法测定凋落物分解的操作步骤和计算方法。
2. 让学生理解凋落物的分解对维持森林地力和保护生态平衡所具有的重要意义。

【实验原理】

在陆地生态系统中，植物通过光合作用合成的有机物是生态系统有机物的主要来源。初级生产力中，除因生命活动在生态系统中各营养级流动消耗的以外，其绝大部分最终以枯枝落叶的形式返回地表，形成中间物质库，并在分解者的作用下使其中的营养物质不断归还土壤。植物枯枝落叶分解速率影响着地表积累的速度，同时也制约着营养元素及其他物质向土壤的归还和植物的再利用过程，对土壤库的物质平衡起着重要的作用，因此枯枝落叶的积累与分解在能量流动和营养物质循环过程中起着重要作用。

森林中枯枝落叶分解过程通常包括 3 个方面：①淋溶过程。枯枝落叶中的可溶性物质通过降水被淋溶。②碎裂过程。动物摄食、土壤干湿交替、冰冻、解冻，使枯枝落叶变小或转化。③代谢分解过程。主要通过微生物将复杂的有机物转化为简单分子。这三个过程是同时发生的，并以土壤微生物的影响为主导。

森林枯枝落叶的分解通常采用网袋法测定，其分解过程可用奥尔森（Olson）的分解指数衰减模型来描述，即 $y=ae^{-rt}$。式中，y 为某一时刻的分解残留百分比，%；t 为分解时间（天、周、月或年）；r 为分解速率；a 为修正系数。

通过测定不同分解时间枯枝落叶残留量的干重，求出模型参数，再分别计算出 50%和 95%的枯枝落叶分解所需的时间，即 $t_{0.5}$ 和 $t_{0.95}$。

【实验材料与设备】

镊子、分析天平、烘箱、网眼为 2 mm×2 mm 的尼龙网袋（长×宽=25 cm×20 cm）、瓷盘等。

【实验步骤】

1. 将本章实验 27 中烘干的未分解叶片作为分解过程的测定材料，把实验 27

中 3 个样地未分解叶片充分混匀，备用。

2. 准确称取混匀后的枯枝落叶 10.000 0 g，放入 25 cm×20 cm 的尼龙网袋（网眼大小为 2 mm×2 mm）中，共装 12 袋。

3. 系好网袋后送到林地，安放于林内地面，安放时把地面的凋落物拨开，挖去少量泥土，使网袋上表面和地面凋落物相平。

4. 分别于安放 3 个月、6 个月、9 个月、12 个月后随机收回 3 袋枯枝落叶，以代表每次取样的 3 个重复。

5. 将每次取样的 3 袋枯枝落叶带回实验室，从网袋中取出枯枝落叶，用自来水冲洗并小心除去可能黏附的泥土，用镊子挑去石块和植物新根，然后放在瓷盘上于 80℃烘箱中烘干至恒重，称重后将数据记录在表 2.26 中。

表 2.26　枯枝落叶网袋分解法数据记录表

分解时间/月	重复	原干重/g	分解后干重/g	干重残留百分比/%	平均残留百分比/%
0		10.000 0			
3	1	10.000 0			
	2	10.000 0			
	3	10.000 0			
6	1	10.000 0			
	2	10.000 0			
	3	10.000 0			
9	1	10.000 0			
	2	10.000 0			
	3	10.000 0			
12	1	10.000 0			
	2	10.000 0			
	3	10.000 0			

6. 通过每次取样的 3 袋枯枝落叶的干重，计算出每个重复的干重残留百分比及其平均值记录在表 2.26 中。

【实验结果分析】

1. 根据表 2.26 的数据计算出的各取样时期枯枝落叶干重平均残留百分比 y，利用 Excel 算出其对数值 $\ln y$。

2. 对 Olson 分解指数衰减模型 $y=ae^{-rt}$ 两边取对数，得到：$\ln y=\ln a-rt$，对此式可换成 $Y=A+BX$ 型直线回归方程式，其中，$Y=\ln y$，$A=\ln a$，$B=-r$，$X=t$。

3. 以各取样时间段的 $\ln y$ 为纵坐标，分解时间 t 为横坐标，在 Excel 上作直线趋势图，并求出回归方程 $Y=A+BX$ 的系数 A 和 B，进而求出 $y=ae^{-rt}$ 的各参数，建立分解模型，得出该枯枝落叶的分解速率 r。

4. 利用 $t=(\ln a-\ln y)/r$，将 $y=0.5$ 以及 $y=0.95$ 代入，求出 $t_{0.5}$（月）和 $t_{0.95}$（月），进而得出 50%和 95%的枯枝落叶分解所需的时间（月）。

【实验注意事项】

用网袋法测定枯枝落叶分解时，应仔细混匀初始枯枝落叶，使得用于分解的枯枝落叶尽量保持一致，以便减少误差。

【思考题】

1. 不同陆地生态系统类型的凋落物分解过程有何差别？
2. 分解者在分解过程中的作用？

实验 29　生态瓶的设计与制作

【实验目的】

1. 学会设计和制作生态瓶。
2. 观察生态系统的稳定性。

【实验原理】

生态系统由四大成分组成：

①非生物环境：包括参加物质循环的无机元素和化合物，联结生物和非生物成分的有机物，及气候或其他物理条件；

②生产者：能利用简单的无机物制造食物的自养生物；

③消费者：不能利用无机物制造有机物，而是直接或间接依赖于生产者所制造的有机物，属于异养生物；

④分解者：也属于异养生物，其作用是将生物体中的复杂有机物分解为生产者能重新利用的简单的化合物，并释放出能量。

自然生态系统几乎都属于开放式生态系统，只有人工建立的完全封闭的生态系统才属于封闭式系统，不与外界进行物质的交换，但允许阳光的透入和热能的散失。本实验所建立的微型生态系统——生态瓶，即属于封闭式系统。

一个生态系统能否在一定的时间内保持自身结构和功能的相对稳定，是衡量这个生态系统稳定性的一个重要方面。生态系统的稳定与它的物种组成、营养结构和非生物因素等都有着密切的关系。

将少量的植物、以这些植物为食的动物、适量的以腐烂有机质为食的生物（微小动物和微生物）与某些其他非生物物质一起放入一个广口瓶中，密封后便形成一个人工模拟的微型生态系统——生态瓶。

由于生态瓶内系统结构简单，对环境变化敏感，系统内各种成分相对量的多少，均会影响系统的稳定性。通过设计并制作生态瓶，观察其中动植物的生存状况和存活时间的长短，就可以初步学会观察生态系统的稳定性，并且进一步理解影响生态系统稳定性的各种因素。

【实验材料与设备】

1. 实验材料

金鱼藻（或眼子菜、满江红、浮萍等）、小鱼、鱼虫（水丝蚓和水蚤）、淤泥、沙子、河水（或井水、晾晒后的自来水）。

2. 实验设备

广口瓶、凡士林（或蜡）。

【实验步骤】

1. 实验材料的准备

金鱼藻、小鱼、鱼虫要鲜活，生命力强；淤泥要无污染，不能用一般的土来代替；沙子要洗净；河水要清洁，无污染；自来水需要提前晾晒 3 天。

2. 生态瓶的制作

（1）在广口瓶中放入少量淤泥，并加入适量的水，将淤泥平铺在瓶底。

（2）将洗净的沙子放入广口瓶，摊平，厚度约为 1 cm。

（3）将事先准备好的水沿瓶壁缓缓加入，加入量为广口瓶容积的 4/5 左右。注意加水时不要将淤泥冲出，以免水质变混。

（4）加入适量绿色植物。若是有根植物，可用长镊子将植物的根插入沙子中。

（5）加入适量鱼虫。水蚤容易死亡，加入量要少。水丝蚓必须要加。

（6）加入小鱼 2 条。注意不要用金鱼，因为金鱼的耐逆性很差。

（7）将瓶口作凡士林密封，在瓶身上贴好标签，注明制作日期、制作者姓名，生态瓶制作完成。

（8）将制成的生态瓶放在阳光下。注意光线不能太强，以免瓶内温度太高，影响生物的存活。每天定时观察瓶内情况，认真记录下每一点变化。

【实验注意事项】

1. 生态系统各部分间的比例要合适，生产者和消费者均不宜太多。

2. 生态瓶内的水不能装满，要有足够的氧气缓冲库。

【思考题】

1. 运用生态学原理，分析生态瓶内变化的原因。

2. 影响生态瓶——封闭式系统稳定性的因素有哪些？

第13章　应用生态学

实验30　植物对重金属污染土壤的修复

【实验目的】

1. 了解土壤重金属污染的植物修复技术原理。
2. 掌握不同植物修复技术的方法。

【实验原理】

土壤重金属污染是指由于自然或人类活动使得土壤中微量有害的重金属元素在土壤中过量沉积，超过土壤环境背景值而引起的土壤污染。植物修复技术是以植物忍耐和超量积累某种或某些污染的理论为基础，利用植物及其共存微生物体系的吸收、挥发和转化、降解等作用机理来清除环境中的污染物的一种环境污染治理技术。与传统修复方法相比，该技术是一种成本低、过程简单，对土壤扰动小，绿色实用的植物修复手段。

【实验材料与设备】

1. 实验材料

植物材料：芥菜（*Brassica juncea*）和鬼针草（*Bidens pilosa*），种子为网上购置。

土壤样品：实验土样可采校园或附近坡地 0～20 cm 表层土。土样经自然风干后，混合均匀，过 4 mm 筛，室温保存备用。

2. 仪器与设备

塑料盆（内径 18 cm，盆高 20 cm）、四水合硝酸镉、去离子水、烘箱、分光光度计、电子天平、原子吸收分光光度计、粉碎机等。

【实验步骤】

1. 盆栽前土壤处理：用直径 18 cm、高 20 cm 带有托盘的塑料盆，每盆盛过筛风干土 4 kg。以四水合硝酸镉 $[Cd(NO_3)_2 \cdot 4H_2O]$ 作为 Cd 污染试剂，分别准确称取 0 g、0.508 g、1.016 g、2.031 g、4.062 g、8.124 g 四水合硝酸镉溶于水，分别对应浓度 0 mg/kg、5 mg/kg、10 mg/kg、20 mg/kg、40 mg/kg、80 mg/kg。将不同浓度的 Cd 溶液每隔 3 天对盆栽土壤喷洒一次，边喷洒边搅拌均匀，以保证 Cd 的均匀分布，共施加 3 次，10 天完成土壤处理。然后放置稳定 3 周。实验设置为 2 种植物 6 个 Cd 浓度梯度，每种植物在每个浓度中有 3 个重复实验，一共 36 盆。

2. 播种：放置 3 周后开始播撒实验植物种子，每盆保留 6 株出苗植株，生长 1 个月后收获。

3. 收获和植物样品测定：收获后的植物样品分为地上部分和地下部分（根部），分别用自来水冲洗，去除黏附于样品上的泥土和其他物质，用吸水纸吸干，测定植物鲜重。再用去离子水冲洗去除水分，经过 85℃杀青 1 h 后，在 65 ℃下烘干至恒重，称量干重后粉碎，用于测定重金属镉含量。将植物移除，土壤风干后过筛，用于测定土壤中的镉含量。分别测定 2 种植物在不同 Cd 浓度梯度下的株高、地上生物量、地下生物量和修复后的土壤镉浓度。利用原子吸收分光光度计测定植物和土壤样品中的重金属镉含量。

4. 结果与分析：利用 Cd 含量数据计算生物富集系数（BCF）、转移系数（TF），用以评价两种植物对 Cd 的积累及转运能力。

生物富集系数（BCF）=根或地上部分 Cd 浓度（mg/kg 干重）/土壤中 Cd 浓度（mg/kg 干重）

转移系数（TF）=地上部分平均 Cd 浓度（mg/kg 干重）/根部平均 Cd 浓度（mg/kg 干重）

【实验注意事项】

1. 在进行植物修复技术实验时，应选择耐受性好，具有富集能力的植物为实验材料。

2. 配制好的重金属溶液要均匀的喷洒到实验用的土壤中，以保证土壤中的重金属分布均匀。

【思考题】

1. 重金属污染土壤可以选择的修复技术有哪些？

2. 植物修复技术的优缺点有哪些？

3. 用于修复土壤重金属污染的植物应具有的特性是什么？

实验 31　水生植物对污染水体的净化作用

【实验目的】

1. 了解水生植物对污染水体的净化作用及机理。
2. 掌握水体污染常规指标的测定。
3. 熟悉不同种类的水生植物对水体污染的净化能力。
4. 了解不同性质污染水体的生物学处理方法。

【实验原理】

水体污染的性质与污染物的性质有直接关系。含金属盐的印染废水、电镀废水和农药、除草剂等可造成水体的毒污染；含高浓度氮、磷的生活废水可造成水体的富营养化。针对不同性质污染的水体，净化处理的方法也不同。

水生植物是指生长在水中或湿地土壤中的植物，以大型的草本植物为主，包括水生、湿生和沼泽植物。许多水生植物尤其是水生维管束植物具有大量吸收营养物质，或降解转化有毒有害物质为无毒物质的功能。在废水或受到污染的天然水体中种植大量耐污染、净化能力较强的水生高等植物，使其通过自身的生命活动将水中的污染物质分解转化或富集到体内，然后除去，恢复水域中的养分平衡；同时通过水生植物的光合作用放出氧气，增加水中溶解氧含量，从而改善水质，减轻或消除水污染。

不同种类的水生植物对毒污染和富营养化的净化能力也不同。某些水生植物以富集有毒物质为主，有些则以降解有毒物质为主。即使是以富集方式为主的水生植物，富集能力也相差很大，富集能力的高低可通过检测处理前后水生植物体内某些指标的含量得知。水体中的氮、磷是水生植物生长的必需元素，它们被植物吸收后进入代谢过程，一般不会产生二次污染。但是，许多重金属和部分农药、除草剂等不易分解，即使进入植物体，仍将积累在植物体内，随着水生植物的死亡腐烂又将回归水体，容易造成二次污染；如果将水生植物捞至地面又易造成土壤污染。因此，一般将富含上述物质的植物烘干烧成灰分，集中深埋处理。

水体污染的性质和程度可通过许多常规指标，如水中溶解氧含量、氨氮含量、总磷含量、pH、某种重金属含量等的检测了解。本实验检测水中溶解氧含量、氨氮含量和 pH，有条件的实验室，还可以检测总磷含量和多种重金属含量。

【实验材料与设备】

1. 实验材料和试剂

可选用分布较广泛的凤眼莲（*Eichhornia crassipes*）、眼子菜（*Potamogeton distinctus*）、金鱼藻（*Ceratophyllum demersum*）、黑藻（*Hydrilla verticillata*）、小茨藻（*Najas minor*）、苦草（*Vallisneria natans*）等。本实验以凤眼莲和黑藻为例。

试剂：分析纯浓硫酸、0.010 0 mol/L 硫酸锰溶液、0.100 mol/L 硫代硫酸钠溶液、碱性碘化钾溶液（称 500 g 分析纯氢氧化钠溶液于 300～400 mL 蒸馏水中，150 g 分析纯碘化钾溶于 200 mL 蒸馏水中，然后将上述 2 种溶液混合）、淀粉溶液、纳氏试剂（称 50 g 分析纯碘化钾，溶于 50 mL 无氨蒸馏水中，制成碘化钾溶液。取 21 g 二氧化汞溶于少量水中，制成饱和溶液，后逐滴加入碘化钾溶液，不断搅拌，直至红色沉淀不再溶解为止，加入 400 mL35%氢氧化钠溶液，最后加无氨蒸馏水 1 000 mL，静置 24 h，取上清液于带橡皮塞的棕色玻璃瓶中）、酒石酸钾钠溶液（溶解 50 g 酒石酸钠晶体于蒸馏水中，再稀释至 200 mL，然后加入 5 mL 纳氏试剂，混合后静置 3 昼夜使其澄清备用）、硫酸锌溶液（称 10 g 化学纯硫酸锌溶于无氨蒸馏水中，稀释至 100 mL）、氢氧化钠溶液（称 25 g 氢氧化钠溶于少量无氨蒸馏水中，稀释至 50 mL）等。

2. 仪器和设备

分光光度计、pH 计、玻璃培养缸（50 cm×30 cm×50 cm），溶解氧瓶、锥形瓶、滴定管、水样采样器。

【实验步骤】

1. 实验材料采集：根据实验需要采集适量的凤眼莲和黑藻。将其中的部分材料称其鲜重并烘干，再称其干重（用于计算干/鲜重比）、氮含量（有条件的实验室，还可测总磷含量和某几种重金属含量）。

2. 污染水样采集：在某些污染水体或某些工厂的废水排水口处，采集实验水样，并测定这些水样的溶解氧含量、氨氮含量、pH 等。

3. 水生植物处理：将采集到的污染水样置于 5 个玻璃培养缸中，在 4 个培养缸中放置适量（需称其鲜重）凤眼莲（如用黑藻作实验材料，需在玻璃培养缸底放适量的底泥，并测定氮含量、pH 等，有条件的还可测某几种重金属含量）进行培养；另外 1 个玻璃培养缸不放养凤眼莲，作为对照。以后每隔 1 周，取对照缸和实验缸中的部分水体，测定其溶解氧含量、氨氮含量、pH 等；取缸中的凤眼莲烘干，测其干重，再粉碎，测定其氨氮含量（有条件的还可测某几种重金属含量）。重复此操作，持续 1 个月左右。

4. 实验记录及分析：将上述测定结果记录在表 2.27 及表 2.28 中，并分析实验结果。

表 2.27　实验水样中各指标含量的变化

处理	溶解氧含量 /（mg/L）	氨氮含量 /（mg/L）	pH	某种重金属含量（有条件的测定）/（mg/L）
刚取得的水样				
1 周后对照缸中的水样				
1 周后实验缸中的水样				
2 周后对照缸中的水样				
2 周后实验缸中的水样				
3 周后对照缸中的水样				
3 周后实验缸中的水样				
4 周后对照缸中的水样				
4 周后实验缸中的水样				

表 2.28　水生植物样品中各指标含量的变化

处理	植物干重/g	氨氮含量/（mg/g）	某种重金属含量（有条件的测定）/（mg/L）
刚放入实验缸的植物样			
1 周后实验缸中的植物样			
2 周后实验缸中的植物样			
3 周后实验缸中的植物样			
4 周后实验缸中的植物样			

【实验注意事项】

1. 每个实验缸中的植物样需控制等重。
2. 植物样干重的计量，可以先称其鲜重，然后根据干/鲜重的比值进行换算。

【思考题】

1. 水生植物净化作用的处理方式有哪些？
2. 不同种类的水生植物对水体污染的净化能力有何差别？

实验 32　利用蚕豆根尖微核技术检测水体污染

【实验目的】

1. 了解检测水体污染的生物学方法。
2. 学习和掌握蚕豆根尖微核技术的测定方法。

【实验原理】

植物微核技术可以直接反映污染物对生物遗传物质的影响，所谓微核，即细胞中除有一个正常的细胞核外，还可以看到与核着色相同，大小不等，完全与主核分开的圆形或椭圆形的微小核。植物微核技术测定的是细胞染色体受损伤的程度，它更接近污染物对生物和人类的危害状况，具有化学监测和物理监测不能达到的效果。一般的化学监测只能表达某类或某种物质的量化指标，而这些物质的危害程度则不能直接说明，还需要进行生物监测或其他复杂研究来进行评估。植物微核技术具有操作简单、快速灵敏、经济、准确和实用性强等特点。该技术作为有效的生物学短期测试方法被广泛应用于监测水质污染，被许多国家列为常规指标和水环境监测的规范化方法。

【实验材料与设备】

1. 实验材料

蚕豆种子。

2. 仪器与设备

水样采样器、乙醇、培养皿、恒温培养箱、卡诺氏固定液、水浴锅、显微镜、解剖针、改良苯酚品红染液、载玻片、纱布等。

【实验步骤】

1. 水样采集：可选择校园或附近水体（如小湖、池塘等）采集水样，每个采样点均随机分散地选择 3 个地点采集水样。采集水样置于塑料瓶内，分别贴上各自的标签，避光保存于 4℃冰箱中供实验使用。

2. 消毒：蚕豆种子，经浓度 75%乙醇溶液消毒后用蒸馏水反复冲洗 3 次。

3. 浸种催芽：将蚕豆按需要量放入盛有水样的烧杯内，在 25 ℃下浸种 24 h，另设蒸馏水对照，此间至少换水 2 次，所换水应先进行 25 ℃预温。待种子吸胀破皮后移到铺有多层湿纱布的带盖培养皿内，置 25 ℃恒温培养箱中催芽，此间 4～6 h 换同种等温水 1 次。待大部分初生根长 1～1.5 cm 左右，即可用来检测。

4. 根尖细胞固定：切取 1 cm 左右的根尖，用新配的卡诺氏固定液固定 24 h，再用 95%乙醇清洗后，转入 70%乙醇中，置 4 ℃冰箱中保存待用。

5. 染色制片：将固定好的蚕豆根尖用蒸馏水浸洗 2 次，每次 5 min。吸净蒸馏水，用 1 mol/L 盐酸于 60 ℃水浴锅中解离根尖 10～15 min。取出根尖置于擦净的载玻片上，用解剖针截取 2 mm 左右根尖分生组织，用解剖针将其捣碎并均匀地涂开，滴上改良苯酚品红染液染色 5～8 min，常规染色体制片。

6. 镜检：将制备好的装片置于显微镜的载物台上，先在低倍镜下找到分生组织区细胞分散均匀、膨大分裂相对较多的区域，再到高倍镜下观察。每个待测水样及对照组至少随机检查 3 个根尖，每个根尖在高倍镜下至少观察 1 000 个生长点的间期细胞，并记录发生微核的细胞数。将测得的实验组与对照组的微核率分别进行比较。

7. 微核计数标准：微核染色体的结构和颜色深浅同主核相似。转动微调时，与主核处于同一平面；圆形、卵圆形或不规则形，界线清楚，包含于胞质中，直径小于主核的 1/3，并与主核不相连；微核完整，不重叠，但死亡或降解的细胞除外。

8. 将结果进行统计分析，计算蚕豆根尖细胞的微核千分率和污染指数。微核千分率（‰）=含微核的细胞数/观察细胞总数×1000‰；污染指数=样品实测微核率平均值/对照组微核率平均值。

【实验注意事项】

1. 所选择的蚕豆种子，要确保大小匀称，色泽一致，无病虫害。

2. 如果条件允许，在全年不同季节取样进行实验，可更好地全面分析水体污染情况。

【思考题】

1. 蚕豆微核技术有何局限性？

2. 不同条件下蚕豆微核技术会有怎样的差异？

实验 33 好氧堆肥法处理固体有机废弃物

【实验目的】

1. 掌握好氧堆肥的基本流程和处理方法。
2. 了解影响堆肥化的因素。

【实验原理】

堆肥化是在控制条件下,使来源于生物的有机废物发生生物稳定作用的过程。依靠自然界广泛分布的细菌、放线菌、真菌等微生物,通过人为的调节和控制,促进可生物降解的有机物向稳定的腐殖质转化的生物化学过程,其实质是一种发酵过程。有机废物经过堆肥化处理,制得的产品叫作堆肥。它是一类棕色、泥炭状的腐殖质含量很高的疏松物质,也称为"腐殖土"。

好氧堆肥也称为高温堆肥或高温快速堆肥,即在通气条件好,氧气充足的条件下通过好氧微生物的代谢活动降解有机物,堆制周期短(具体过程见图 2.6)。通过堆肥化处理,我们可以将有机物转变为有机肥料或土壤调节剂,实现废弃物的资源化转化,且这些堆肥的最终产物已经稳定化,对环境不会造成危害。因此,堆肥化是有机废弃物稳定化、资源化和无害化处理的有效方法之一。

固体有机废弃物有很多,如生活污泥、城市生活垃圾、动物粪便、作物残留物、工业有机废弃物等,本实验以厨房垃圾为例。

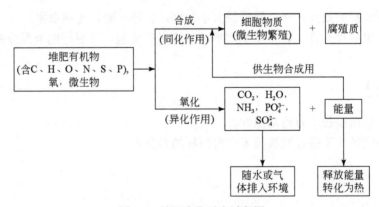

图 2.6 堆肥生化反应过程图

【实验材料与设备】

1. 实验材料

所用堆肥材料选取本校学生食堂的厨房垃圾，包括蔬菜、水果的根、茎、叶、皮、核等，以及少量剩饭、剩菜。此外，还需一些锯末，用于调节含水率和碳氮比。

2. 仪器与设备

堆肥反应器（直径 200 mm，高 500 mm，有效工作体积 15.7 L，由一台 200 W 气泵供气，带温度和氧传感器，可自动测量堆肥温度、进气和排气氧浓度，并与数据检测记录仪和计算机相连，实现温度和浓度数据的自动记录分析）、烘箱、马弗炉、天平、总碳和总氮测定仪、数据检测记录仪、计算机、便携式 COD 测定仪。

【实验步骤】

1. 材料准备

将学生进行分组，可 4~5 人一组。从本校学生食堂收集厨房垃圾，切碎成 1~2 cm 后，先测定其含水率（MC）、总固体（TS）、挥发性固体（VS）、碳氮比（C/N）；之后，根据测定结果进行材料的调理，主要调节材料的 MC 和 C/N，通过添加锯末调节含水率（MC）至 60%，C/N 在 20~30 之间。影响堆肥化过程的因素很多，这些因素主要包括通风供氧量、MC、温度、有机质含量、颗粒度、C/N、pH 等。对厨房垃圾而言，本实验只对 MC 和 C/N 进行调节。

2. 装料和通气

把经过调理准备好的堆肥材料装入反应器中，盖好上盖，开始启动气泵通气。通过气体流量计控制通风量在 0.2 m³/min 左右，或控制排气中的氧浓度在 14%~17%之间。

3. 温度和氧气采集记录

由温度和氧传感器测量堆肥温度、进气和排气中氧浓度，由数据检测记录仪记录数据，设定 1 h 测定 1 次。

4. 翻堆

观察堆肥温度的变化，当堆肥温度由环境温度上升到最高温度（60~70℃），之后下降到接近环境温度且不再变时，终止通气，把堆肥材料取出，进行第一次翻堆，把材料充分翻动、混合后再放回反应器中，盖好上盖，重新启动气泵通气。

5. 稳定性判定

当堆肥温度再次上升到一定温度，之后又下降到接近环境温度时，并且进气和排气中氧浓度基本相同时，表明堆肥的好氧生物降解活动已基本结束。此时，用便携式 COD 测定仪测定堆肥物料的相对耗氧速率（相对耗氧速率是指单位时间内氧在气体中体积浓度的减少值，单位 $\Delta O_2\%/min$），若相对耗氧速率基本温度在 $0.02\Delta O_2\%/min$，说明堆肥已达稳定化。

6. 指标测定

从反应器中取出堆肥物料，测定含水率、总固体、挥发性固体、碳氮比等。

7. 结果分析

堆肥化的主要目的是使有机废弃物达到稳定化，不再对环境有污染危害，同时生产有价值的产品。因此，在堆肥结束后，需对堆肥是否达到稳定化以及卫生安全性进行判定。堆肥稳定化常用堆肥"腐熟度"来判定。腐熟度的判定标准有多种，常见的有感观标准、挥发性固体、碳氮比、温度、化学需氧量、耗氧速率等。研究表明，这些评定指标具有一致性，即当某一指标达到稳定值时，其他指标均达到自身的稳定值，因此，只需根据具体情况选择若干指标测定即可，而不需对所有指标进行测定。本实验依据感官标准和相对耗氧速率进行判定，用总固体、挥发性固体、碳氮比作为参考指标，考查在堆肥达到稳定时，TS、VS 和 C/N 的变化情况。

【实验注意事项】

1. 注意监测堆肥过程中堆肥温度的变化，保证堆肥过程中大于 55℃的堆温持续 5 天以上。

2. 注意堆肥过程中的氧浓度，适宜的氧浓度控制在 14%～17%之间。

3. 堆肥过程中的水分控制的最佳含水率为 50%～60%。

【思考题】

1. 好氧堆肥和厌氧堆肥过程的特点有何不同？

2. 如何判定堆肥的稳定化？

3. 堆肥过程中各参数的变化和控制对堆肥效果有何意义？

实验 34　生态农业模式的设计

【实验目的】

1. 理解生态农业的概念和设计原理、原则。
2. 学习生态农业的设计方法，并能设计出不同类型的生态农业模式。

【实验原理】

生态农业是根据生态学生物共生和物质循环再生等原理，运用生态工程技术和现代科学技术，合理安排农业种植、加工、生产，使农业系统在生态上能达到自我维持的优化模式，物质在系统内尽可能得到重复和循环利用。

生态农业通过充分合理地利用自然资源和社会资源，利用植物、动物、微生物之间相互依存的关系，利用现代科学技术，实行无废物生产和无污染生产，提供尽可能多的清洁产品，满足人们生活、生产的需求。这样，可以高效、持续和稳定地发展农业生产，推动当地的农村和农业经济高速发展，共同创造一个优美的生态环境，逐步走向和实现农业现代化。因此，生态农业的设计必须遵循：强调保护农村生态环境，符合经济、社会效益和生态效应协调发展、统筹兼顾的标准。

生态农业是一种科学的人工生态系统，具有整体性、系统性、地域性、集约性、可操作性、调控性，以及明显的生态位和可持续发展性的特点。生态农业设计的原则，既要符合生态学规律，又要遵循生态、经济学原理与准则，力争实现绿色植被最大、生物产量最高、光合作用最合理、物质循环最彻底、经济效益最好、生态平衡最佳等目标。

在生态农业循环经济的发展模式中，沼气发酵起到重要的纽带作用，它以农业废弃物为原料，既能产生洁净的沼气能源，替代一次性能源的消耗，又能解决农业废弃物所引起的环境污染，形成一个良性的循环机制，并获取较好的经济效益、生态效益和社会效益。因此，以沼气为纽带的农业生态模式，将原来松散的农业生产结构变成了完整相连的整体，实现了资源的合理循环利用，为农业资源增效和农民增收，为农业的可持续发展奠定了坚实的基础。

【实验步骤】

1. 模式类型

不同地域、不同环境、不同的结构成分、生态农业的类型也不同。根据本地域和环境地点，本实验设计为：以沼气为纽带的生态农业循环经济模式的设计。

此生态模式小可以到农户庭院、一个村、一个农场，大可以到一个镇、一个县、一个省等。

2. 确定设计类型、内容和目标

（1）全面调查所涉及生态农业的环境资源，包括地理位置、土地资源、人口资源、水资源、气候资源、生物资源、社会经济资源等情况。

（2）分析调查所得到的资料，诊断目前系统的基础情况，做出定性和定量的评价，明确环境中制约经济发展和生态平衡的限制、约束因素及其影响程度，提出要解决的关键问题和问题的范围，以确定模式类型、模式的发展方向和要达到的目标（综合效益）。

（3）确定模式系统中的主要成分及各成分之间的相互关系。

（4）绘出以沼气为纽带的生态农业循环经济模式示意图（图 2.7）。

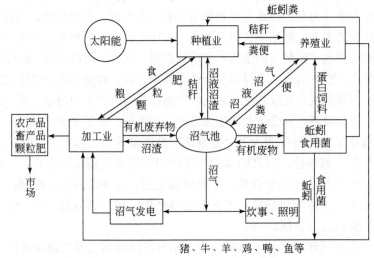

图 2.7　以沼气为纽带的生态农业循环经济模式示意图

3. 综合效益分析

从经济效益、生态效益、社会效益三方面考虑：

（1）经济效益：人均总产值（元），价值产投比，人均纯收入（元），种植业收入（元/hm²），养殖业收入（元），种植业价值产投比，养殖业价值产投比；加工业收入（元），加工业价值产投比。

（2）生态效益：林木覆盖率（%），绿化程度（%），水土流失防止率（%），作物肥料利用率（%），作物光能利用率（%），作物水资源利用率（%），人均畜禽产出能（J），畜禽能量产投比（%），生物防治率（%），有机肥使用率（%），土地利用率（%），沼气池使用普及率（%）。

（3）社会效益：农副产品商品率（%），开发规模（人均土地面积、固定资产总量、劳动力总量等），农副产品加工企业个数，农村企业就业率（%），资源结构均衡度，循环利用效率（%）。

【思考题】

1. 发展生态农业对保护农村生态环境及农业可持续性发展有何意义？

2. 生态农业设计的原则是什么？设计生态农业系统工程时为什么要遵循这种原则？

第三部分　研究性实验

实验35　重金属污染对植物叶绿素含量的影响

【实验目的】

1. 掌握叶绿素含量的测定方法。
2. 掌握重金属污染对叶绿素含量的影响。
3. 了解叶绿素含量在重金属胁迫条件下的变化趋势。

【实验原理】

叶片是植物进行光合作用的主要器官，高等植物叶绿素分叶绿素 a 和叶绿素 b，是植物光合作用最重要的色素。其含量的高低是反映植物光合作用能力的一个重要指标。当植物受到污染时，植物的生理生化过程将受到影响，叶绿素含量的变化可以反映污染对植物光合作用的影响。

【实验材料与设备】

1. 实验材料

植物材料：可选小麦、玉米、黄瓜、水稻、狼尾草（*Pennisetum alopecuroides*）等，本实验选用玉米种子。

试剂：80%丙酮水溶液、用去离子水配制的一系列重铬酸钾（Cr^{6+}）溶液（浓度分别为 0、10、25、50、100 mg/L）。

2. 仪器与设备

研钵、培养皿、光照培养箱、分光光度计、电子天平、剪刀、滤纸等。

【实验步骤】

1. 实验材料的准备：将大小比较均匀的玉米种子用蒸馏水浸泡、吸胀后，移入铺有滤纸的直径 20 cm 培养皿中，置于光照培养箱中培养（22~25 ℃）。

2. 染毒处理：在玉米长出 2 片真叶后，标记培养皿，分别用 5 种不同浓度的重金属溶液处理。每个浓度做 3 个平行处理。每 2 天用蒸馏水冲洗 1 次，再用原相应浓度的重金属溶液培育。各材料培育一周后，即可进行叶绿素提取分析。

3. 叶绿素的提取：称取植物叶片 0.1~0.5 g，剪碎放入研钵中，加入少量细石英砂研磨成糊状，用 80%丙酮水溶液分批提取叶绿素，直到残渣无色为止。将丙酮提取液过滤后定容至 50 mL。

4. 叶绿素的测定：以 80%丙酮溶液为对照，分别测定波长为 663 nm、645 nm 条件下提取液的吸光度。如果浓度较高，则经适当稀释后再进行比色。叶绿素浓度可根据下式求算：

$$C_a=12.7 A_{663}-2.69 A_{645}$$
$$C_b=22.9 A_{645}-4.68 A_{663}$$
$$C_T=C_a+C_b=8.02 A_{663}+20.21 A_{645}$$

式中，C_a、C_b、C_T 分别为叶绿素 a、叶绿素 b、总叶绿素的浓度，mg/L；A_{663}、A_{645} 分别为提取液在 663 nm、645 nm 处的吸光度。

5. 实验记录及分析：叶绿素的测定结果记录在表 3.1 中，每个处理组的最终结果用"平均值±标准误差"表示，并用 F 检验分析不同处理组间的差异性。根据表 3.1 中的数据，利用 Excel 绘制相应的统计图形。

表 3.1 重金属处理结果

重金属溶液浓度/（mg/L）	平行组	A_{663}	A_{645}	C_a /（mg/L）	C_b /（mg/L）	C_T /（mg/L）
0	A					
	B					
	C					
	平均值±标准误差					
10	A					
	B					
	C					
	平均值±标准误差					
25	A					
	B					
	C					
	平均值±标准误差					
50	A					
	B					
	C					
	平均值±标准误差					
100	A					
	B					
	C					
	平均值±标准误差					

【实验注意事项】

1. 叶绿素提取过程中应尽量避免光照，以免叶绿素见光分解。同时可适当加温以加快提取速度，但要补充因挥发而减少的丙酮。

2. 有些植物材料细胞间质的酸度很高，在磨碎过程中会使叶绿素脱镁成为去镁叶绿素，从而降低测定值。因此，在磨碎这些植物材料时要加入 pH 8.0 的缓冲液一起研磨，并适当提高丙酮浓度，使混合后的丙酮浓度达到 80%。

3. 使用的分光光度计一定要用光分辨率高的分光光度计，如 751 型。分辨率低的分光光度计测定的波长的半波宽值大，不足以区分叶绿素 a、b 的吸收峰，易造成读数偏低，叶绿素 a、b 比值偏小的现象。分光光度计使用前应作波长校正，因为稍有偏差可能会造成相当大的误差。

【思考题】

1. 高等植物有哪几种叶绿素，它们在光合作用中的功能是什么？
2. 经过不同重金属浓度处理，植物叶绿素的变化趋势是什么？

实验 36　重金属污染对土壤微生物数量的影响

【实验目的】

1. 掌握细菌、放线菌和真菌等常用培养基的制作方法。
2. 认识和理解重金属污染对土壤微生物的影响效应及作用规律。

【实验原理】

随着工农业的快速发展、工业"三废"和城市生活垃圾的不断排放、含重金属农药和化肥的不科学使用，导致土壤中的重金属污染日益严重。土壤重金属污染不仅影响农作物生长和农产品品质，并通过食物链危害人类健康，而且由于其在土壤中的难降解性，对土壤微生物种群的数量及活性产生明显的不良影响，从而影响土壤生态结构和功能的稳定性，进而影响土壤养分的转化与利用。微生物对重金属胁迫的反应比较敏感，能较早地预测土壤生态环境质量的变化，也能反映土壤的污染状况，是表征土壤质量的敏感性指标之一。

【实验材料与设备】

1. 实验材料

供试土壤：可在校园或农田采集土壤。采集的土壤于室内将其重复混合后添加外源重金属来模拟土壤污染。

试剂：分析纯的重铬酸钾试剂、10%酚液。

微生物培养基：细菌培养基（牛肉膏蛋白胨培养基）、放线菌培养基（改良高氏一号培养基）、真菌培养基（马丁氏培养基）。

2. 仪器与设备

干燥箱、培养皿、高压蒸汽灭菌锅、超净工作台、电炉、试管、恒温培养箱、恒温水浴箱、恒温摇床、锥形瓶、冰箱、移液枪、电子天平、漏斗、接种环、酒精灯、菌落计数器等。

【实验步骤】

1. 实验土壤的采集与处理：在校园或农田采集自然无污染的土壤，并将其混合。土样经风干、去杂、磨细过 5 mm 筛，每盆装 3.5 kg（风干土）备用。
2. 重金属处理：以溶液形式加入外源重金属。采用等自然对数间距，设置 6

个浓度梯度，对照组则喷施不加重金属的蒸馏水，每个处理重复 3 次，共 21 盆。将事先配制好的含有不同浓度污染物的溶液均匀喷施于每个土壤样品中。在温室内培养 15 天后，取土样进行土壤微生物数量的测定。

3. 土壤微生物数量的测定：土壤微生物数量指标包括细菌、放线菌和真菌。分析采用平板稀释法，牛肉膏蛋白胨培养基培育细菌，改良高氏一号培养基培育放线菌，马丁氏培养基培养真菌。具体操作如下：

（1）取土样：取待测土壤样品，放入已灭菌的牛皮纸袋内，封好袋口，做好编号记录，备用，或放在 4 ℃冰箱中暂存。

（2）制备土壤稀释液：称取土样 1.0 g 放入 99 mL 盛有无菌水且带有玻璃珠的锥形瓶中，置摇床振荡 5 min 使土样均匀分散在稀释液中成为 10^{-2} 土壤悬液。

用 1 mL 的无菌吸头从中吸取 0.5 mL 土壤悬液注入盛有 4.5 mL 无菌水的试管中，吹吸 3 次，振荡混匀即为 10^{-3} 稀释液。依此类推，可制成 10^{-4}～10^{-8} 的各种稀释度的土壤溶液。

（3）接种：细菌从稀释度为 10^{-7}、10^{-6} 的土壤稀释溶液中各吸取 1.0 mL 对号放入已经写好稀释度的培养皿中。及时将 15～20 mL 冷却至 46 ℃ 的牛肉膏蛋白胨培养基（可放置于 46 ℃±1 ℃恒温水浴箱中保温）倾注培养皿，并转动培养皿，使菌液与培养基充分混合，待琼脂凝固即成细菌平板。每个浓度做 3 个平板。对照培养皿不接种。

放线菌：取 10^{-5}、10^{-4} 两管稀释液，在每管中加入 10%酚液 5～6 滴，摇匀，静置片刻。然后分别从两管中吸取 1.0 mL 加入到有相应标号的培养皿中，选用改良高氏一号培养基，用与细菌相同的方法倒入培养皿中，便可制成放线菌平板。对照培养皿不接种。

真菌：取 10^{-3}、10^{-2} 两管稀释液各 0.1 mL，分别接入相应标号的培养皿中，选用马丁氏培养基，用与细菌相同的方法倒入培养皿中，便可制成真菌平板。对照培养皿不接种。

（4）培养：将接种好的平板倒置于 28～30 ℃恒温培养箱中培养。细菌培养 2 天，真菌培养 3 天，放线菌培养 7 天。

（5）菌落计数：可用肉眼观察，必要时用放大镜或菌落计数器，记录稀释倍数和相应的菌落数量。先计算相同稀释度的平均菌落数。若其中一个培养皿有较大片菌苔生长时，则不应使用，而应以无片状菌苔生长的培养皿作为该稀释度的平均菌落数。若片状菌苔的大小不到培养皿的一半，而当其余的一半菌落分布又很均匀时，可将此一半菌落乘以 2 代表全部培养皿的菌落数，然后再计算该稀释度的平均菌落数。

菌落计数以菌落形成单位（colony forming unit，cfu）表示。

（6）结果计数：$N_u=C_0 \cdot t_d/m$。式中，N_u 为每克干土的菌数，cfu/g；C_0 为菌落平均数；t_d 为稀释倍数；m 为干土质量，g。

4. 数据统计与结果分析：将各处理组的土壤微生物中的细菌、放线菌和真菌的计算结果填写表 3.2 中，采用香农-维纳指数公式计算微生物多样性指数，计算公式为

$$H = -\sum_{i=1}^{S} \left(P_i \ln P_i \right)$$

式中，P_i 为第 i 个物种的个体数占群落中所有物种个体数的比例；S 为总物种数目。

用最小显著性差异法（LSD）进行单因素方差分析，并对同一重金属污染处理的不同梯度之间的差异进行 Duncan 多重比较，分析各处理间的差异显著性，找出重金属污染对土壤微生物不同类型的影响规律。

表 3.2　不同浓度重金属溶液处理下土壤三大类群微生物变化情况

处理方式	细菌/（cfu/g）	放线菌/（cfu/g）	真菌/（cfu/g）	多样性指数/H
对照				
浓度 1				
浓度 2				
浓度 3				
浓度 4				
浓度 5				
浓度 6				

【实验注意事项】

1. 由于周围环境、空气、用具和操作者体表均有大量微生物存在，所以在整个实验过程中，必须严格按照微生物实验的操作规程进行，对有关器皿、培养基和接种工具进行彻底灭菌，对环境及某些材料也要进行消毒，以防止杂菌污染。

2. 一般土壤中，细菌最多，放线菌和真菌次之，而酵母菌主要见于果园及菜园土壤中，因此从土壤中分离细菌时，要取较高的稀释度，否则菌落连成一片不能计数。

3. 在土壤稀释分离操作中，每稀释 10 倍，最好更换一次移液管，使计数准确。

4. 到达规定培养时间，要立即计数。如果不能立即计数，应将平板置于 0～4 ℃无菌环境中，但不得超过 24 h。

【思考题】

1. 不同土壤类型的重金属污染是否对土壤微生物数量的影响不同？
2. 探讨应用土壤微生物监测土壤重金属污染进行土壤质量评价的技术可行性。

实验 37　模拟氮沉降对植物幼苗生长的影响

【实验目的】

　　1. 认识氮沉降对植物生长的影响。
　　2. 掌握模拟氮沉降的方法。

【实验原理】

　　大气氮素循环是全球氮素生物地球化学循环的一部分，对维系地球生命生生不息的自然过程具有作用。然而，人类的活动加速了全球氮素的循环，使大量的含氮化合物排放到大气，并以硝酸盐、铵盐的形式在湿沉降和干沉降中回到陆地，导致现在氮沉降量超过了陆地生物固氮作用。研究表明，氮是植物生长最主要的限制因子之一，氮沉降会增加土壤中活性氮的含量，也会引起植物体内氮的积累，进而影响到植物生长发育及各项生命活动。适量的氮输入促进植物的生长，但过量的氮输入可能会产生负效应，使植物的初级生产力大大降低，导致植物损伤、根冠比、生物量减少及根系分布变浅等。

【实验材料与设备】

　　1. 实验材料
　　植物材料：可选玉米、大豆、小麦、冬瓜等种子或其他植物幼苗。具体应该根据当地环境状况和实验条件选择适当的植物。本实验选择大豆种子作为实验材料。
　　供试土壤：可在校园周围农田采集土壤。
　　试剂：过氧化氢、尿素或 NH_4NO_3 溶液。
　　2. 仪器与设备
　　光照培养箱、电子天平、干燥箱、叶面积测定仪、叶绿素含量测定仪或 SPD-502 叶绿素仪、塑料盆（直径 18 cm，高 25 cm）、镊子、培养皿等。

【实验步骤】

　　1. 植物幼苗的培育：将大豆种子用蒸馏水充分清洗后放入培养皿中，用 10% 的过氧化氢（H_2O_2）浸泡消毒 10 min，洗净后加蒸馏水浸种 48 h，然后将种子置于约 30 ℃光照培养箱中催芽 24 h。
　　2. 氮沉降处理：选择发芽一致的种子播种于装有 2 500 g 土壤的塑料盆中，每盆 6 粒种子，放置于温室中让其生长，隔 1 天浇一定量的蒸馏水使其土壤水分保持土壤最大持水量的 80%，为了确保处理时的均匀性，待出苗后每个塑料盆内保留 3 株长势健康一致的幼苗。待大豆长至两叶一心时进行不同水平的氮沉降处理。将尿素或 NH_4NO_3 溶解于水中，然后喷洒在花盆中以模拟不同处理水平的氮沉降。本实验模拟氮沉降设置 5 个水平处理，分别为 CK $[0 \text{ g}/(\text{m}^2 \cdot \text{a})]$、N1 $[2.5 \text{ g}/(\text{m}^2 \cdot \text{a})]$、N2 $[5 \text{ g}/(\text{m}^2 \cdot \text{a})]$、N3 $[7.5 \text{ g}/(\text{m}^2 \cdot \text{a})]$、N4 $[10 \text{ g}/(\text{m}^2 \cdot \text{a})]$，其中 CK 为对照处理组，N1 为低氮处理组，N2 和 N3 为中氮处理组，N4 为高氮处理组。每个处理 3 个重复，共 15 盆，用标签注明处理及重复样品编号。依据花盆的口径，近似将处理组视为 1 个长 108 cm、宽 54 cm 的长方形，并计算占地面积 0.583 2 m^2，以便进行氮沉降处理的换算。氮肥实验用 NH_4NO_3 或尿素（含氮量为 35%）作为氮源，将每次的量溶于 10 L（根据幼苗的情况和喷雾器的情况酌情）的水中，充分溶解，对 4 个处理组的大豆幼苗进行均匀喷洒，同时对照处理也喷洒同样质量的水进行对比。氮沉降处理持续处理 1～2 周后进行有关生长指标的测定。实验时可将学生分组，每组负责测定一个处理的所有指标。

3. 植物生长指标测定：每个处理选择每盆 3 株大豆幼苗进行以下指标的测定：

（1）叶绿素含量测定：叶绿素含量可以直接利用叶绿素仪进行测定。测量时要选取同一生长期的叶片。本实验采用 SPAD-502 叶绿素仪测定。叶绿素仪通过叶片在两种波长范围内的透光系数来确定叶片当前叶绿素的相对数量。利用透射方法即时测量叶绿素的含量，简单地把叶绿素仪的测量头夹在叶片组织上，在 2 s 内就可以得到叶绿素含量读数。

（2）叶面积测定：同时对已测定叶绿素的叶片进行叶面积的测定。测定方法可使用剪纸称重法进行。本实验采用叶面积测定仪测量。

（3）株高、根长的测定：直接用直尺进行测定。测根长时，将大豆植株的花盆放入水中，浸透后轻轻来回晃动花盆，小心将根系清洗干净，待整个根系全部暴露后才进行测定。

（4）幼苗鲜重和根鲜重的测定：上述指标测定完后将植物分成地上部和地下部两大部分，然后用电子天平称量其鲜重。

4. 数据处理与结果分析：将实验所得的数据，分析大豆幼苗在不同氮沉降下，株高、根长、鲜重、叶面积和叶绿素含量的变化，分析不同氮沉降对大豆幼苗生长的影响，分析比较各处理间是否存在显著性差异。

【实验注意事项】

1. 氮沉降处理幼苗的选择，须选择生长一致的幼苗进行。

2. 根长测定时注意操作时不能用力过大，否则容易导致断根。

3. 模拟氮沉降实验，氮沉降处理水平尽量参考当地区氮沉降文献来设置相应处理水平。

【思考题】

1. 模拟氮沉降处理，植物生长指标的变化说明了什么问题？
2. 不同氮处理水平，植物生长的差异是否显著？
3. 氮沉降处理对植物幼苗生长的影响是否具有累积效应？

实验38　外来入侵植物对不同生境适应的表型可塑性变化

【实验目的】

1. 掌握入侵植物野外样方的设置和调查方法。
2. 了解不同生境入侵植物表型可塑性的差异。

【实验原理】

　　植物的表型可塑性可反映植物适应环境变化的能力，包括形态可塑性、生理可塑性及生态可塑性3个方面，表型可塑性在一定程度上使植物的生态幅更宽、耐受性更强，为植物占据更广阔的生存范围及更加多样化的生境，并最终成为广幅种奠定基础。而入侵成功的外来植物通常具有广泛的环境耐受性及对多样化生境的占有特性，不同生境中，外来入侵植物通过调整自身器官的可塑性，即通过改变自身形态、生物量在不同器官的分配和生理特性来从新环境中捕获更多的营养和资源，从而提高自身的竞争及入侵能力。这是入侵植物适应新环境的基础，也是对不同环境条件响应的重要特征。入侵植物通过这种可塑性在新环境中栖息并大量繁殖，导致原生态系统多样性下降，影响生态系统功能，对环境造成很大威胁。

【实验材料与设备】

　　1. 实验材料

　　植物：选择本地入侵较多的植物，如西南地区可以选择三裂叶蟛蜞菊（*Sphagneticola trilobata*）、飞机草（*Chromolaena odorata*）、银胶菊（*Parthenium hysterophorus*）、喜旱莲子草（*Alternanthera philoxeroides*）、紫茎泽兰（*Ageratina adenophora*）、微甘菊（*Mikania micrantha*）等。本实验选取银胶菊。

　　试剂：丙酮、硫酸、苯酚等。

　　2. 仪器与设备

　　样方框、烘箱、电子天平、紫外-可见分光光度计、叶面积仪、标本夹、记录本、笔、标签等。

【实验步骤】

1. 野外取样：根据生境条件的差异，选择弃耕地、林缘和公路旁三种生境，在每种生境中选择银胶菊分布和生长较一致的群落各设置 5 个 1 m×1 m 的样方。采取收获法，在每个生境中选择 20 个发育良好的植物全部收获分别放入保险袋中，并做好标记迅速带回实验室进行分析。

2. 形态因子和生物量的测定：测定指标包括株高、茎直径、花序直径、分枝数、叶面积等，其中叶面积用叶面积仪测量。测量完成后，每株的根、茎、叶和花果各部分分装，杀青后用 80 ℃恒温烘至恒重，用精度 0.000 1 g 的电子天平称其质量。

3. 叶绿素和总糖含量的测定：银胶菊中的叶绿素含量测定采用丙酮法进行测定。用剪刀把采集的新叶片剪成 1～2 mm 的细条，首先称取约 0.5 g 加入石英砂和碳酸钙在研钵中研磨，然后采用 80%丙酮浸提叶绿素，最后用紫外-可见分光光度计测定波长在 663 nm 和 645 nm 的吸光值，根据 Arnon 公式计算叶绿素含量。多糖的测定采用苯酚-浓硫酸法进行分析。

4. 数据统计与分析：将实验测定得到的形态和生理数据用 Excel 进行整理分析，用统计软件 SPSS 进行单因素方差分析（one-way ANOVA），了解各生境条件下形态因子和生物量之间的差异。

【实验注意事项】

1. 样地选择时，应选择差异显著的生境为研究地点。

2. 挖去植株的根时，应将属于该植株的全部挖出，去泥，用于生物量测定。

【思考题】

1. 不同生境中银胶菊的适应性和可塑性有什么变化？

2. 入侵植物表型可塑性的适应意义？

3. 所有入侵植物的可塑性反应都是适应性吗？

实验39　植物功能性状对生境变化的响应

【实验目的】

1. 掌握植物样方调查方法。

2. 掌握植物功能性状的采集与测定方法。

3. 了解植物功能性状对生境变化的响应和适应。

【实验原理】

植物功能性状是连接植物与环境的桥梁，是植物在长期适应环境过程中形成的能最大程度利用各种外部资源的形态、生理和物候等属性。这些属性影响着生态系统过程和结构功能，可以较客观地反映植物对环境的适应能力以及植物内部不同功能之间的进化与平衡。植物功能性状会随着外部环境的变化而变化，如随着降雨量的增多，植物叶片会变大，碳氮磷含量增加。地形变化因其对温度、降水等的再分配作用，会导致气候环境的空间异质性，从而影响到植物功能性状的变化。研究植物功能性状对地形变化的响应关系，可以更好地揭示植物对环境的适应策略，从而为地形复杂地区的生态恢复提供依据。

【实验材料与设备】

测绳（或皮尺）、标本夹、记录本、笔、标签、LI-COR 3100C 叶面积仪、SPAD-502 叶绿素仪、便携式冷藏箱、电子天平、游标卡尺等。

【实验步骤】

1. 野外样方调查：如果学校及其所在地区已建有长期定位观测样地（如广西弄岗北热带喀斯特森林野外固定样地），可在该观测样地开展野外样方调查，按照阳坡、半阴坡、阴坡三种不同坡向设置研究样地，每种坡向设置 20 m×20 m 的样方，每个样方再划分为 4 个 10 m×10 m 的小样方。调查记录每株个体的种名、株高、胸径、基径和冠幅等；并且测量样地的坡位、坡度、海拔等环境因子数据。

2. 植物功能性状采集和测定：在植物生长旺期，对样方内出现个体胸径≥1 cm 的木本植物，每个物种至少选择生长良好、无病虫危害的 5 个成熟个体；高大乔木则利用高枝剪采集其位于树冠外围、能最大程度接受阳光照射的成熟完好叶片 10 片。将采集的叶片装入记录物种名称并经喷水打湿的信封（喷水程度以保证叶片不会干燥萎蔫，但也不会增加鲜重为宜），再放入塑料密封袋，最后置入便携式冷藏箱内暂存并尽快带回实验室分析。用电子天平（精度 0.000 1g）称取叶片鲜重。叶片面积使用 LI-COR 3100C 叶面积仪测定。叶绿素含量使用 SPAD-502 叶绿素仪测定。叶片厚度使用数显游标卡尺测量（精度 0.01 mm）。将叶片样品置于 70℃的烘箱内烘干至恒重，并称量叶片干重。比叶面积为叶面积除以叶片干重，叶片干物质含量为叶片干重与鲜重的比值。

　　3. 数据分析与处理：将实验测得的数据用 Excel 进行整理分析，用统计软件 SPSS 进行单因素方差分析，对不同坡向之间的差异进行检验，同时对各性状之间的相关关系采用 Pearson 相关分析。

【实验注意事项】

　　1. 注意样地选择要具有代表性。
　　2. 叶片要选取无明显病虫害、完全展开的当年生叶片。
　　3. 叶片采集后要立即放入便携式冷藏箱中避免叶片失水直到回到室内进行测定。

【思考题】

　　1. 简述植物叶片功能性状在不同坡向上的变化规律。
　　2. 植物通过叶片功能性状间的权衡关系所表现出来的对环境的适应策略有何差异？
　　3. 环境筛选作用对植物群落空间格局形成有何影响？

实验40　不同植物叶片热值的测定

【实验目的】

1. 掌握利用氧弹式热量计测定植物叶片热值的方法。
2. 了解不同植物叶片热值的差异。

【实验原理】

植物的热值是指每单位植物干燥物样品在完全燃烧时产生的热量，通常以 J/g 表示。植物体内蕴藏的能量是绿色植物通过光合作用将太阳能转化为化学能贮存在有机体中的，它是从太阳能源流向生态系统、通过食物链进行传送流动的起点。这种能量以热值来表示。通过热值研究可以了解植物对太阳能的转换功率、能量的贮存，以及生态系统中各级生产力之间的能量转换效率。植物的热值受环境的影响，也随植物种类、植物部位、物候期以及物质成分的不同而变化。所以不同植物热值的差异也是植物本身的重要特征。

热值测定目前主要使用氧弹法，氧弹法不仅是煤炭、石油部门测定燃料发热量的主要方法，也用于植物和其他生物的热值测定。植物热值测定的基本原理，是把定量的试样在充氧的弹筒里燃烧，氧弹要预先放在盛有足够浸没氧弹的水的容器中，由燃烧后水温的升高计算试样的发热量。在测定过程中试样燃烧放出的热量不仅被水吸收，氧弹本身、水筒以及插在水筒中的搅拌器和测量用的温度计都吸收一定的热量。为了解决量热系统中其他因素对测定的影响，需用已知发热量的基准物苯甲酸来标定量热系统温度升高 1℃所需的热量。这个热量称为仪器的热容量或水当量。水当量会随测定环境的温度和量热系统中条件的变化而改变，因此仪器的水当量要根据测定条件的变化定期进行标定。一般水当量标定值的有效期为 3 个月，测定发热量的实验条件应同标定水当量时一致，即相同的内筒装水量（相差不超过 1 g）。同一支温度计，室温相差不超过 5℃，如果室温相差大于 5℃，水当量应重新进行标定。

用于分析的样品一定要具代表性。经过粉碎的样品要充分混匀，以减少由于试样不均匀引起的误差。样品在采集和粉碎过程中混进的泥土和杂质影响样重，从而降低测定结果的可靠性，因此，应尽量避免土壤对样品的污染。

【实验材料与设备】

1. 实验材料

植物材料：可在校园选择几种不同植物，分别采集植物的叶片，带回实验室。

试剂：苯甲酸（C_6H_5COOH，分子量为 122.12，经计量机关检定并标明热值），0.1 mol/L 氢氧化钠溶液，0.2%甲基红指示剂（0.2 g 甲基红溶于 100 mL 无水乙醇中）。

2. 仪器与设备

氧弹式热量计、温度计、擦镜纸、压片机、滴定管、分析天平、压力表等。

【实验步骤】

植物热值的测定分为两个步骤进行，即先测出水当量值，然后再进行植物热值测定。

1. 水当量的测定

（1）用玛瑙研钵将苯甲酸研细，在 100～105 ℃烘干 34 h，冷却至室温后称量，在盛有硫酸的干燥器中干燥，直至每克苯甲酸的质量变化不超过 0.000 5 g 止。称取苯甲酸 1.0～1.2 g，用压片机压片，精确称量苯甲酸质量（精确至 0.000 1 g），置于燃烧皿中。

（2）向氧弹内加入 10 mL 蒸馏水，把盛有苯甲酸的燃烧皿放在固定燃烧皿的弹头座架上，将点火丝的两端固定在 2 个电极上，中段放在苯甲酸片上（切勿将点火丝与燃烧皿接触，以免烧坏燃烧皿），拧紧氧弹盖后给氧弹缓缓充氧，直到机室内压力为 1.96×10^6～2.16×10^6 Pa，取下氧弹保护挡环，逆止阀被气门顶下去，放掉余氧。

（3）向内筒加蒸馏水 2 400.0 g，放入量热容器中，将充氧的氧弹放在内筒中。

（4）将贝克曼温度计分别插入内外筒，开动搅拌机。观察贝克曼温度计，待温度稳定后（5 min 内变化不超过 0.001 ℃），记下此时的温度，即为内筒初始温度 t_1。利用计算机测控系统，可自动记录温度的变化。

（5）点火燃烧苯甲酸。温度稳定后记下终止温度 t_2。

（6）测定完毕，取出氧弹。若发现苯甲酸燃烧不完全或弹内有黑烟，说明氧气压力不足，必须重新测定。若无上述现象，则将氧弹内壁、氧弹盖、燃烧皿用蒸馏水清洗，洗液（约 100 mL）收集在 250 mL 烧杯中，加热至沸腾。

（7）冷却至室温后加入 2 滴甲基红指示剂，用 0.1 mol/L 的 NaOH 滴定至淡黄色为止，记录所用 NaOH 的体积（mL）。

（8）水当量的测定应进行 5 次重复，计算其结果的极限差值。如果极限差值不超过 40 J，则取 5 个结果的平均值作为仪器的水当量；否则，重新测定，直到获得一组极限差值不超过 40 J 的 5 个结果，将其平均值作为仪器的水当量。

　　2. 植物样品热值测定

　　（1）植物叶片样品在 80 ℃烘干至恒重。注意温度不宜过高以免易挥发物损失。烘干的样品保存在干燥器内。

　　（2）冷却后称取干燥的植物样品约 0.7 g。为避免样品在燃烧时飞溅，称重后的样品用擦镜纸包裹，然后用压片机压成小片。

　　（3）将压好的样片置于燃烧皿中，连接好点火丝，氧气压力 $1.76 \times 10^6 \sim 1.96 \times 10^6$ Pa。一般茎秆坚实的植物样品使用 1.96×10^6 Pa 的氧气压力燃烧比较完全；而对于比较松软的样品，若使用相同压力的氧气，因燃烧剧烈而引起灰分散落，会影响测定结果，因此，比较松软的样品要选择 1.76×10^6 Pa 的氧气压力，才能保证燃烧完全且样品不会外溢。

　　（4）植物热值的测定方法与水当量的测定除氧气的填充压力略有不同外，其他条件应保持一致。测定步骤与测定水当量相同。样品测定完毕后，缓慢放掉余气，取下弹盖。若弹筒内有未燃烧的样品微粒，此样品应重新进行测定。

　　3. 结果计算

　　（1）水当量的计算：按照下式计算：

$$R = \frac{QW + E + 1.43V}{H(t_2 - t_1)}$$

式中，R 为热量计中水当量值，J/℃；

　　Q 为苯甲酸热值，J/g；

　　W 为苯甲酸质量，g；

　　E 为每根点火丝热值，J；

　　1.43 为中和 1 mL 0.1 mol/L 氢氧化钠溶液的硝酸生成热和溶解热，J/mL；

　　V 为中和硝酸用去 0.1 mol/L 氢氧化钠的量，mL；

　　H 为贝克曼温度计的折算系数；

　　t_1 为修正后的初始温度，℃；

　　t_2 为修正后的终止温度，℃。

　　计算结果要给出平均值、标准差和样本数。

　　（2）植物样品热值的计算：有两种表示法，即干重热值和去灰分热值。由于热值受植物本身灰分量的影响，因此为了不同的资料具有可比性，一般采用去灰分热值。

$$Q_1 = \frac{RH(t_2 - t_1) - E - 1.43V}{W}$$

$$Q_2 = \frac{RH(t_2 - t_1) - E - 1.43V}{W - Y}$$

式中，R 为热量计中水当量值，J/℃；

Q_1 为干重热值，J/g；

Q_2 为去灰分热值，J/g；

H 为贝克曼温度计的折算系数；

E 为点火丝加包样纸的热值，J；

W 为样品的干重，g；

Y 为样品的灰分干重，g。

其余符号定义同上。

计算结果要给出平均值、标准差和样本数。

【实验注意事项】

1. 用于包裹样品的纸应尽可能小，以减少包样纸引入的误差，通常采用普通擦镜纸（10 cm×15 cm）的 1/4 即可。

2. 包样纸热值的计算方法是值得重视的问题，由于擦镜纸每张质量不等，测定一定数量擦镜纸的热值，然后换算每张纸平均热值的方法误差很大，所以包样纸必须逐张称量，分别计算每张纸的发热量，最后在计算植物热值量时将其扣除。每次标定仪器的水当量时，应同时重新测定包样纸热值。这样虽然操作上烦琐一些，但减少了测定中的系统误差。

3. 室内温度应尽量保持稳定，不宜过高或过低，最好不超出 15～35 ℃的范围。每次测定中（由点火至终点）室温变化力求不超过 0.5 ℃。

4. 室内应避免强烈气流，实验过程中避免开启门窗。

5. 热量计应放在不受阳光直射的地方。

【思考题】

1. 比较不同种类植物叶片的热值，分析导致热值差异的原因。

2. 热值与植物营养成分有何关系？

实验 41　不同植被类型土壤呼吸的变化规律

【实验目的】

1. 了解土壤呼吸测量系统的使用。

2. 掌握土壤呼吸速率的测定方法。

3. 了解土壤呼吸作用，以及土壤呼吸速率与土壤温度、水分等土壤因子的相关性。

【实验原理】

全球变暖是人类目前面临的主要环境问题。大气中温室气体浓度的上升是气候变暖的主要原因，二氧化碳是最重要的温室气体。碳以 CO_2 的形式从土壤向大气面的流动是土壤呼吸作用的结果。土壤呼吸是指未扰动的土壤产生并向大气释放 CO_2 的过程，它包括土壤微生物呼吸、植物根系呼吸、土壤动物呼吸和含碳物质的化学氧化作用等几个生物学和非生物学部分。土壤呼吸受很多复杂的生物学和生态过程的影响，对环境变化的响应存在较大的差异。

土壤呼吸是陆地生态系统和大气之间碳交换的重要方式，也是陆地生态系统碳循环中的最大输出项，土壤碳库发生的微小变动，都会导致大气中 CO_2 总量的剧烈变化，是导致全球气候变化的关键性过程，在全球碳循环和碳收支中发挥着重要的作用。森林土壤呼吸是陆地生态系统土壤呼吸的重要部分，是全球碳循环中一个主要的流通途径，其动态变化对全球碳平衡有着深远的影响。全球森林过度采伐和其他土地利用的变化导致土壤 CO_2 释放增加，占过去 2 个世纪以来人类活动释放的 CO_2 总量的近一半，是除石油燃烧释放 CO_2 外，另一项导致大气中 CO_2 浓度升高的重要因素。研究森林土壤呼吸是世界碳循环研究的重要课题，对生态学、环境科学及地球表层系统科学具有重要意义。

本实验采用 SRS-1000 便携式土壤呼吸测量系统测量土壤呼吸强度。测量系统包括一个控制台，一个 1 L 的土壤呼吸室和一个高精度微型 CO_2 红外气体分析计（直接安装在土壤呼吸室内）。这样就使 CO_2 从土壤中产生到分析仪测量到 CO_2 浓度发生变化的时间大大减少。仪器操作是在开放系统状态下进行的，周围的空室内气压逐步升高，以保证作为样品的土壤保持正常条件。上面安装了一个压力释放阀，以免使呼吸室内气压不断升高，也能避免产生的 CO_2 分散到土壤中。土壤呼吸室本身由一个上部的呼吸室和一个金属圈构成。上部呼吸室设计极大地避免了气压和风对于测量的影响，下部金属圈插入土壤，不管土壤条件如何，保证上部的呼吸室处于最佳位置，并能够保证对土壤的最小扰动。在较大的野外区域取样时，可以将多余的金属圈先放置在土壤中，保持测量环境区域的稳定，然后进行相对的测量，减少扰动对于测量的影响。这个系统也可以测量温度。

为了得到土壤日常呼吸方式，一些野外实验要利用多个野外呼吸室，可以在几天的周期内进行连续测量。利用便携式气体多路器能够接收到样品反馈回来的 CO_2 分析信号。为了保持呼吸室的内部条件，当不用取样时，可以打开或者关闭呼吸室上的通风盖。

【实验材料与设备】

1. 实验材料

选择几种不同植被类型（如乔林、灌丛、草地）的土壤为实验对象。

2. 仪器与设备

SRS-1000 便携式土壤呼吸测量系统、Hydra 土壤水分速测仪、便携式数字温度计。

【实验步骤】

1. 样地选择

本实验选择乔林、灌丛和草地 3 种植被类型为实验样地，每种实验样地分别设置 3 个 20 m×20 m 样地，一共 9 个样地，进行土壤呼吸监测工作。

2. 土壤呼吸的测定

每个样地随机选择 3 个监测点，将 SRS-1000 便携式土壤呼吸测量系统专用底罩插入地下，然后在其外缘涂上一层玻璃胶，使底罩露出地面部分与呼吸罩达到密闭切合，在以后采样（或其他）过程中减少对其的扰动，12 h 后测量土壤呼吸。测定时期为生长季（5~10 月）。选择月中旬天气相对晴好的一天，从 8：00 至 18：00，每个样地每 2 h 测量 1 次，每个监测点 1 次测定 2 个重复，取平均值。在测定的同时，采用便携式数字温度计测定土壤 5 cm 和 10 cm 深处的温度。用 Hydra 土壤水分速测仪测量土壤水分。

3. 实验结果与分析

测定三种不同植被类型土壤的呼吸速率，比较和分析不同植被类型土壤呼吸速率的变化特征。

【思考题】

1. 土壤呼吸与土壤温度、水分等有哪些相关性？

2. 不同植被类型对土壤呼吸有什么影响？

实验42 植物光合作用和叶绿素荧光参数的日动态变化

【实验目的】

1. 熟悉便携式光合作用测定仪的使用。

2. 掌握植物光合作用和叶绿素荧光参数测定的基本方法。

3. 了解植物光合作用和叶绿素荧光参数的日变化规律，以及与环境因子的相关性。

【实验原理】

光合作用是指绿色植物利用太阳能将二氧化碳和水转化为碳水化合物并释放出氧气的过程。它是太阳能被植物吸收利用的唯一途径。植物光合作用速率的变化与植物内部生理状况以及外界环境因子密切相关，一直是植物生态学研究的重点。

本实验采用 LI-6400 便携式光合作用测定仪测定植物光合作用的相关参数。其方法原理是：①CO_2 对波长 4.26 μm 的红外线存在特定的吸收高峰；②不同浓度的 CO_2 吸收强度不同；③被 CO_2 吸收后的红外线发生能量损耗，其损耗的多少与 CO_2 的浓度呈线性关系。通过检测电容器把吸收前后红外线的能量差变为热差，又将热差变为压力差，再把压力差变为电容差，最后将电容差调制为低频的电信号，经整流、放大后的电信号，通过记录仪或显示器，可直接读得 CO_2 浓度的指示值。

【实验材料与设备】

1. 实验材料

在校园或周边地区选择 1 种或 2 种灌木或草本植物为实验对象。

2. 仪器与设备

LI-6400 便携式光合作用测定仪、LI-COR 3100C 叶面积仪、PAM-2100 便携式调制叶绿素荧光仪。

【实验步骤】

1. 样地选取

在校园或周边地区选择一个 25 m^2 的样地，并在其中选择 5 株生长良好的 1

种或 2 种灌木或草本植物作为研究对象。

2. 光合作用测定

在植物生长旺盛季节，选择晴朗的天气，8：00～18：00，每 2 h 测定一次。分别随机选取 5 株生长良好的灌木植物，选取长势一致且无病虫害的成熟的叶片重复测定 2 次，结果取平均值。用 LI-6400 便携式光合作用测定仪测定叶片的光合速率（P_n）和蒸腾速率（T_r），并同步记录光合参数：有效辐射强度（PAR）、大气 CO_2 浓度（C_a）、气温（T_{air}）、大气相对湿度（RH）、叶片气孔导度（G_s）、胞间 CO_2 浓度（C_i）和叶片温度（T_{leaf}）。最后根据以上参数，计算出叶片水分利用效率（WUE=P_n/T_r）和气孔限制值（$L_s=1-C_i/C_a$）。叶面积使用 LI-COR 3100C 叶面积仪测定。

3. 叶绿素荧光参数的测定

与光合作用同步测定，测定方式同理于光合作用测定。利用 PAM-2100 便携式调制叶绿素荧光仪测定叶绿素荧光参数，从实验日的 8：00～18：00，每隔 2 h 对所选的叶片测定 1 次叶绿素荧光参数 F_0、F_m 和 F_m'。首先，将叶片通过叶夹夹在叶室中暗适应 30 min 后，打开弱测量光测定初始荧光（F_0）数值，再打开一次饱和脉冲光［光子通量密度为 8 000 μmol/（$m^2 \cdot s$），频率为 20 kHz，0.8 s，1 个脉冲］测定最大荧光（F_m）数值。然后打开叶室让参试叶片处在自然光下，光下稳态荧光（F_t）稳定后，最后打开一次饱和脉冲光测定光下最大荧光（F_m'）数值。根据以上测定结果，计算出可变荧光（$F_v=F_m-F_0$）、PS Ⅱ 最大光能转化效率（F_v/F_m）等荧光参数。

4. 数据处理与分析

用 Excel 和 SPSS 软件对所得实验数据进行统计和分析。

【实验注意事项】

1. 要尽量选择晴朗的天气进行测量，测量过程中如遇下雨应该马上停止，之后选择适宜的天气重做。

2. 叶片选择时，要选择完全展开无病虫害的叶片。

3. 尽量避免让水或者过多的湿气进入仪器内，同时避免灰尘多的环境，不要打开或者破坏仪器的密封。

4. 测量时要避免对仪器的任何不必要的振荡或撞击。

5. 连接叶室时，要使叶室上的螺丝孔正好对准仪器上的螺栓，固定叶室的时候不要拧得太紧。

【思考题】

1. 影响植物光合作用的因素有哪些?
2. 植物光合作用和叶绿素荧光参数的日变化有何规律?
3. 通过光合作用的测定, 能够解决什么理论和实践问题?

实验 43　植物对逆境的生理生态响应

【实验目的】

1. 学会观察逆境环境下植物的生理生态响应。
2. 熟悉植物生理生态指标的测定方法。

【实验原理】

植物生长过程中经常会遇到干旱、低温、淹水、高温、盐碱、病虫害等不良环境。植物遇到逆境时，有多种抵抗逆境的形态和生理机制。形态方面主要表现在根系发育受到影响，根长、根数和质量明显降低，根系活力降低；茎叶生长缓慢；生殖器官的发育受阻。在生理生化方面，主要表现为细胞膜的通透性增强，细胞内的溶质外渗，相对电导率增大；细胞内蛋白质分子变性凝固且蛋白质合成受阻；酶系统发生紊乱；叶片气孔关闭，CO_2 进入量少，光合作用下降，同化产物积累降低等，这些变化最终会导致植物生物量和生产量的下降。

因此，对于逆境，可以设计梯度实验，研究某一植物对逆境的生理生态响应。本实验选择干旱胁迫处理，检测植物根系活力、叶片水势、叶片叶绿素含量、叶片光合特性的变化，以深入研究和认识植物的抗逆性，揭示其适应机制。

【实验材料与设备】

1. 实验材料

植物材料：根据当地环境情况和实验条件选择合适的植物种子，如玉米、小麦、大豆、棉花等植物的种子，本实验选择玉米种子。

土壤：同一地点采集表层 0～20 cm 土壤，风干后过 2.5 mm 筛，充分混匀以备用。

试剂：过氧化氢、氯化三苯四氮唑、磷酸二氢钠、磷酸氢二钠、硫酸、乙酸乙酯、甲腈。

2. 仪器与设备

SPAD-502 叶绿素仪、WP4 水势仪、分光光度计、LI-6400 便携式光合作用测定仪、分析天平（0.000 1 g）、人工气候箱、铝盒、烘箱、剪刀、烧杯、容量瓶、塑料盆（直径 18 cm）、塑料桶、铅笔等。

【实验方法与步骤】

1. 各指标的测定方法

（1）根系活力的测定：根系活力是根系吸收能力、合成能力、氧化能力和还原能力的综合体现，反映根系的生长发育状况，是根系生命力的综合指标。称取新鲜根尖样品 0.5 g 左右，放入 10 mL 烧杯中，加入 0.4%氯化三苯四氮唑（TTC）溶液和磷酸缓冲溶液（1/15 mol/L，pH 7.0）的等量混合液 10 mL，使根完全漫没在反应液中，置于 37 ℃下暗保温 1.5 h，此后加入 2 mL 1 mol/L 硫酸终止反应。把根取出，吸干水分后与乙酸乙酯 3～4 mL 和少量石英砂一起研磨，以提取甲臜。将红色提出液完全过滤到试管中，然后加乙酸乙酯定容至 10 mL，用分光光度计在波长 485 nm 测定各样品吸光值，用甲臜作标准曲线，从而计算根系活力，单位为 mg/（h·g）。

（2）叶片含水量的测定：其水分匮乏时，植物组织表现出缺水状态；当水分充足土壤作为植物水分的供应源时，植物组织表现为水饱和。叶片作为植物水分散发的最大器官，对水分变化尤为敏感。叶片含水量（LWC），常以植物叶片的自然鲜重与干重之差占自然鲜重的百分数来表示，其公式为

$$LWC（\%）=（W_f-W_d）/W_f×100\%$$

式中，W_f 为自然鲜重；W_d 为干重。

（3）叶片水势的测定：水势是推动水在生物体内移动的势能。水分总是从水势梯度高的地方向水势低的方向流动。植物细胞水势的高低直接反映了植物从外界吸收水分和保持水分能力的大小，是水分状况及水分胁迫程度的基本指标。叶片水势的测定用 WP4 水势仪直接测定，单位为 MPa。

（4）叶片光合特性的测定：可用 LI-6400 便携式光合作用测定仪直接测定。根据光合作用的原理，在光合作用测定仪的叶室中，植物在阳光下进行光合作用吸收 CO_2 放出 O_2，同时发生蒸腾作用，致使流经叶室的 CO_2 和 H_2O 发生改变，CO_2 和 H_2O 可以吸收特定波段的红外线，因此其细微变化将导致对红外线吸收强度的改变，而红外线损耗量的变化又导致其能量变化，进而使所产生的电信号发生改变。该仪器根据气体的流速和叶面积等，可以计算出光合速率与蒸腾速率，进而可以计算出气孔导度和胞间 CO_2 浓度。光合速率、蒸腾速率、气孔导度和胞间 CO_2 浓度的单位分别是μmol/（m^2·s）、mmol/（m^2·s）、mmol/（m^2·s）和μmol/mol。

（5）叶片叶绿素含量的测定：可采用日本产 SPAD-502 叶绿素仪直接测定。SPAD-502 叶绿素仪通过测量叶片在两种波长范围内的透光系数来确定叶片当前叶绿素的相对数量。利用透射方法即时测量叶绿素的含量，简单地把叶绿素仪的

测量头夹在叶片组织上，在 2 s 内就可得到叶绿素含量，单位为 mg/g。

2.实验步骤

(1)将玉米种子用蒸馏水充分清洗后放入培养皿中，用 8%的过氧化氢(H_2O_2)浸泡消毒 10 min，洗净后加蒸馏水在人工气候箱中 30 ℃浸种 48 h（其间换水两次），然后将种子置于约 28 ℃下催芽 24 h。

(2)选择发芽一致的种子播种于装有 2 500 g 土壤的塑料盆中，每盆 5 粒种子，共 20 盆，放置于温室中让其生长，隔 1 天浇一定量的蒸馏水使其土壤水分保持土壤最大持水量的 80%，为了确保处理时的均匀性，待出苗后每个塑料盆内只保留两株长势健康一致的幼苗。待玉米长至两叶一心时进行不同程度的干旱胁迫处理。

(3)将其中的 15 盆玉米分别进行轻度胁迫（保持土壤最大持水量的 65%）、中度胁迫（保持土壤最大持水量的 55%）和重度胁迫（保持土壤最大持水量的 35%）处理，另外 5 盆作为对照（正常灌水，保持土壤最大持水量的 80%），用铅笔注明处理及重复号，每天采用称重法进行补水控水，以便保持各处理的土壤水分。

(4)干旱胁迫持续处理 1 周后，标记不同程度干旱胁迫处理和对照组中每盆其中的 1 株，用 LI-6400 便携式光合作用测定仪测定倒一叶的光合特性，具体使用方法可参考仪器说明，将光合速率 $[\mu mol/(m^2 \cdot s)]$、蒸腾速率 $[mmol/(m^2 \cdot s)]$、气孔导度 $[mmol/(m^2 \cdot s)]$ 和胞间 CO_2 浓度（$\mu mol/mol$）值记录在表 3.3 中。

表 3.3 玉米的光合作用特性记录表

处理	对照					轻度胁迫				
重复	1	2	3	4	5	1	2	3	4	5
光合速率/$[\mu mol/(m^2 \cdot s)]$										
蒸腾速率/$[mmol/(m^2 \cdot s)]$										
气孔导度/$[mmol/(m^2 \cdot s)]$										
胞间 CO_2 浓度/（$\mu mol/mol$）										
处理	中度胁迫					重度胁迫				
重复	1	2	3	4	5	1	2	3	4	5
光合速率/$[\mu mol/(m^2 \cdot s)]$										
蒸腾速率/$[mmol/(m^2 \cdot s)]$										
气孔导度/$[mmol/(m^2 \cdot s)]$										
胞间 CO_2 浓度/（$\mu mol/mol$）										

（5）将对照和不同程度干旱胁迫处理的每盆各 1 株玉米，用 SPAD-502 叶绿素仪测定倒一叶的叶绿素含量（mg/g），记录在表 3.4 中。

表 3.4 玉米叶片的叶绿素含量记录表

处理	对照					轻度胁迫				
重复	1	2	3	4	5	1	2	3	4	5
叶绿素含量/（mg/g）										

处理	中度胁迫					重度胁迫				
重复	1	2	3	4	5	1	2	3	4	5
叶绿素含量/（mg/g）										

（6）测定完倒一叶的光合特性和叶绿素含量后，将 20 盆玉米搬回实验室，用剪刀剪下每盆其中 1 株玉米倒一叶的叶片，放入提前称好重量的铝盒（W_1）中，用分析天平称总重，记为 W_2，称完后将铝盒置于烘箱中 105℃下烘 15min 杀青，再于 80～90℃下烘至恒重，记为 W_3，则叶片的自然鲜重 $W_f=W_2-W_1$，干重 $W_d=W_3-W_1$，再根据 LWC（%）=（W_f-W_d）/W_f×100%计算植物叶片含水量，将结果记录在表 3.5 中。

表 3.5 玉米的叶片含水量记录表

处理	对照					轻度胁迫				
重复	1	2	3	4	5	1	2	3	4	5
W_1/g										
W_2/g										
W_3/g										
W_f/g										
W_d/g										
LWC/%										

处理	中度胁迫					重度胁迫				
重复	1	2	3	4	5	1	2	3	4	5
W_1/g										
W_2/g										
W_3/g										
W_f/g										
W_d/g										
LWC/%										

（7）用剪刀剪下每盆各 1 株玉米倒一叶的叶片，剪碎后平铺在水势仪的小盒子中，具体使用方法可参考仪器说明，待仪器稳定后读数，记录样品的水势值，单位用 MPa 表示，将结果记录在表 3.6 中。

表 3.6　玉米叶片的水势记录表

处理	对照					轻度胁迫				
重复	1	2	3	4	5	1	2	3	4	5
水势/MPa										
处理	中度胁迫					重度胁迫				
重复	1	2	3	4	5	1	2	3	4	5
水势/MPa										

（8）测定完地上部生理生态性状后，将带有玉米植株的花盆放入水中，浸透后轻轻来回晃动花盆，待整个根系全部暴露后，小心将根系清洗干净，每盆中的 1 株用于测定根系活力。将对照组和不同程度干旱胁迫处理的玉米根系用吸干纸吸干表面水分后，用剪刀剪下新鲜根尖，称取新鲜根尖样品 0.5 g，再根据实验原理中根系活力测定方法测定各样品的根系活力 mg/（h·g），将结果记录在表 3.7 中。

表 3.7　玉米根系活力测定记录表

处理	对照					轻度胁迫				
重复	1	2	3	4	5	1	2	3	4	5
样品质量/g										
吸光值										
根系活力/[mg/（h·g）]										
处理	中度胁迫					重度胁迫				
重复	1	2	3	4	5	1	2	3	4	5
样品质量/g										
吸光值										
根系活力/[mg/（h·g）]										

（9）实验结果分析与处理：将实验观测得到的根系活力、叶片含水量、叶片水势、叶片叶绿素含量、叶片光合特性数据用 Excel 进行整理分析，用统计软件 SPSS 进行方差分析，对对照与不同程度干旱胁迫组间的差异进行显著性检验，

分析不同程度干旱胁迫 1 周对玉米生理生态性状的影响，阐明植物受干旱的生理响应。

【实验注意事项】

1. 当玉米长到两叶一心时，应选取长势一致的苗做干旱胁迫处理，为保证其实验用量，可适当多种几盆备用。

2. 测定光合作用特性时，应使每盆玉米所处的光源位置一致，条件许可的话可考虑用人工光源。

3. 用于测定水势的叶片不宜太多，不能超过水势仪专用盒体积的 2/3。

4. 测定根系活力时，尽量将根系多余水分用吸干纸吸干，以确保用于根系活力测定的根样品质量的准确性。

【思考题】

1. 干旱胁迫条件下，叶片光合特性的变化说明了什么问题？

2. 不同程度干旱胁迫玉米生理生态性状产生怎样的影响？

实验 44　运用 DNA 条形码技术进行物种鉴定

【实验目的】

1. 掌握 DNA 条形码方法和技术。
2. 掌握 DNA 提取、PCR 扩增技术。
3. 了解基因测序原理。
4. 了解目前常用的动植物、微生物条形码，认识不同条形码的优缺点和选用原则。

【实验原理】

DNA 条形码是指基因组上的一小段 DNA 序列，可以特异识别物种之间的差别，这些序列的功能类似于产品通用条形码，DNA 条形码存在于生物体每个细胞的基因组内。和传统分类学家基于形态的物种鉴定比，利用 DNA 条形码技术鉴别物种，降低了对研究者的分类学专业要求和对样本本身的完整性、生活史阶段的要求，提高鉴别的准确度，因此在物种分类和生态学研究中得到了广泛的推广。

【实验材料与设备】

1. 实验材料

在校园里采集多种植物材料的叶片，变色硅胶常温干燥环境保存。为了演示 DNA 条形码的用途，可在上课前，将不同材料分别剪碎，并以代号命名。

2. 仪器与设备

细胞破碎仪、水浴锅、离心机、移液枪、PCR 仪、水平电泳槽、电泳仪、凝胶成像系统、微波炉、镊子、计算机。

3. 试剂

matK 引物：KIM_3F（5′-CGTACAGTACTTTTGTGTTTACGAG），KIM_1R（5′-ACCCAGTCCATCTGGAAATCTTGGTTC）

psbA-trnH 引物：*psbA*（5′-GTTATGCATGAACGTAATGCTC），-*trnH*（5′-CGCGCATGGTGGATTCACAATCC）

DNA 提取试剂盒、PCR mix 套装、无菌双蒸水、变色硅胶、琼脂糖、SYBR 荧光染料、石英砂、氯仿、无水乙醇。

4. 软件

Condoncode Aligner。

【实验步骤】

1. 从教师提供的多种未知植物材料中，选取 2～4 种材料的碎片，分别用镊子转移到装有石英砂和玻璃珠的 Fastprep 管中，在管盖和管身同时标记材料的代码号。

2. 用细胞破碎仪破碎样品，设定速度为 5 级，时间为 20 s。本步骤也可采用液氮研磨。

3. 植物总 DNA 提取。使用市面上常用的植物总基因组提取试剂盒进行提取（如天根植物全基因组 DNA 提取试剂盒，货号：K0013），具体操作参考试剂盒说明书。本步骤也可采用传统的十六烷基三甲基溴化铵（CTAB）法进行 DNA 提取。

4. 琼脂糖凝胶电泳检测基因组 DNA 的质量。配制 0.8%～1% 的琼脂糖凝胶，恒压 100 V，电泳 0.5 h；凝胶成像系统（紫外灯下）观察电泳结果并拍照。

5. PCR 扩增。选用 *matK*，*psbA-trnH* 两个引物分别扩增提取的 DNA。

（1）扩增体系：每支 PCR 反应管为 40 μL 反应体系混合液，包括 1× 缓冲液，4 种 dNTP 每种为 200 mmol/L，2.0 mmol/L MgCl$_2$，上下游引物每种 0.1 mmol/L，*Taq* 酶 2 个反应单位，DNA 模板 10～20 ng。所有成分加入反应管后，需在离心机低速快速离心（如转速小于 4 000 r/min，离心时间小于 15 s），确保所有反应成分都在管底。

（2）PCR 扩增程序：95℃变性 5 min，94℃变性 1 min，54℃退火 50 s，72℃延伸 1.5 min，共 35 个循环；最后在 72℃下延伸 8 min。

6. 琼脂糖凝胶电泳检测 PCR 扩增结果。配制 0.8%～1% 的琼脂糖凝胶，恒压 100 V，电泳 0.5 h；凝胶成像系统（紫外灯下）观察电泳结果并拍照。

7. Sanger 测序获取每个样品的序列信息。此步骤一般送至测序公司，在 ABI3730XL 测序仪上进行。

【结果与分析】

1. 测序数据预处理

（1）将测序数据导入 Condoncode Aligner，检查测序结果是否理想，去除测序质量低的序列；

（2）如果是正反向测序，点击 Assemble 命令，拼接正反向序列。

2. 和公共数据库比对，判断序列所属物种

（1）打开 BLAST：Basic Local Alignment Search Tool 的网址，选择核酸序列

比对"Nucleotide Blast";

（2）将预处理完的测序数据序列逐一拷到"Enter Query Sequence"框中，在"Job Title"中，填写样品的代号;

（3）选择"Standard database（nr etc.）"数据库，程序参数选择"Highly similar sequences（megablast）"选项，然后点击"blast";

（4）根据 blast 结果中的"Query Cover""Score""E value"，选择比对序列长度（Query Cover）最长，比对分值（Score）最高，比对统计显著值（E value）最小的序列，作为本实验待鉴定序列的检出物种名，记录该物种名。当多个比对结果具有一致的 Query Cover、Score 和 E value，则判断该待检序列可能是这些物种所在分类水平中的一种，比如某属或者某科等，记录该序列所鉴别出来的分类水平。

【实验注意事项】

1. 野外植物 DNA 材料的采集，通常采集用于测序的材料为当年生新鲜、幼嫩（近成熟）的健康组织，多以叶片为主，但当叶片难以获得时亦可采集植物的其他组织或器官（如芽、花、果实和种子等）。

2. 采集的叶片用变色硅胶常温干燥环境保存。

【思考题】

1. 与教师公布的真实物种名比较，思考条形码技术在物种鉴定方面的潜力和不足。

2. 比较两个不同引物的物种扩增情况和鉴定情况，思考 DNA 条形码引物需要满足什么条件?

3. 思考 DNA 条形码技术有哪些应用?

参 考 文 献

冯金朝, 2011. 生态学实验 [M]. 北京: 中央民族大学出版社.

付必谦, 等, 2011. 基础生态学实验指导 [M]. 北京: 科学出版社.

高丽楠, 张宏, 陈舒慧, 等, 2015. 高原 2 种草本植物的光合作用和叶绿素荧光参数日动态 [J]. 四川师范大学学报 (自然科学版), 38 (4): 551-560.

葛宝明, 程宏毅, 郑祥, 等, 2005. 浙江金华不同城市绿地大型土壤动物群落结构与多样性 [J]. 生物多样性, 13 (3): 197-203.

国庆喜, 孙龙, 2010. 生态学野外实习手册 [M]. 北京: 高等教育出版社.

国庆喜, 王晓春, 孙龙, 2004. 植物生态学实验实习方法 [M]. 哈尔滨: 东北林业大学出版社.

胡正华, 索福喜, 刘巧辉, 等, 2008. 模拟氮沉降对大豆萌发和幼苗生长的影响 [J]. 生态环境, 17 (6): 2397-2400.

简敏菲, 王宁, 2015. 生态学实验 [M]. 北京: 科学出版社.

劳伦斯·汉密尔顿, 2008. 应用 STATA 做统计分析 [M]. 郭志刚, 译. 重庆: 重庆大学出版社.

李春喜, 邵云, 姜丽娜, 2008. 生物统计学 [M]. 4 版. 北京: 科学出版社.

李铭红, 2010. 生态学实验 [M]. 杭州: 浙江大学出版社.

李勇, 金蛟, 2016. 统计学导论: 基于 R 语言 [M]. 北京: 北京出版社.

李振字, 解炎, 2002. 中国外来入侵生物 [M]. 北京: 中国林业出版社.

刘兵兵, 张波, 赵鹏武, 等, 2020. 林窗对大兴安岭南段杨桦次生林林下物种多样性的影响 [J]. 西北农林科技大学学报 (自然科学版), 48 (4): 65-74.

娄安如, 牛翠娟, 2022. 基础生态学实验指导 [M]. 3 版. 北京: 高等教育出版社.

卢纹岱, 2006. SPSS for Windows 统计分析 [M]. 3 版. 北京: 电子工业出版社.

马和平, 郭其强, 李江荣, 等, 2016. 色季拉山 4 种林型土壤呼吸及其影响因子 [J]. 土壤学报, 53 (1): 253-260.

马克平, 1994. 生物群落多样性的测度方法, I.α多样性的测度方法 (上) [J]. 生物多样性, 2 (3): 162-168.

马克平, 2014. 生物多样性科学研究进展 [J]. 科学通报, 59 (6): 429.

牛翠娟, 娄安如, 孙儒泳, 等, 2015. 基础生态学 [M]. 3 版. 北京: 高等教育出版社.

盘远方, 陈兴彬, 姜勇, 等, 2019. 桂林岩溶石山植物群落植物功能性状对不同坡向环境因子的响应［J］. 广西植物, 39（2）：189-198.

彭少麟, 向言词, 1999. 植物外来种入侵及其对生态系统的影响［J］. 生态学报, 19（4）：560-568.

宋永昌, 2017. 植被生态学［M］. 2版. 北京：高等教育出版社.

王伯荪, 余世孝, 彭少麟, 等, 1996. 植物群落学实验手册［M］. 广州：广东教育出版社.

王亚军, 郁珊珊, 2016. 西双版纳热带季雨林土壤呼吸变化规律及其影响因素［J］. 水土保持
　　研究, 23（1）：133-138, 144.

王友保, 2010. 生态学实验［M］. 合肥：安徽人民出版社.

王中仁, 1996. 植物等位酶分析［M］. 北京：科学出版社.

吴晓莆, 朱彪, 赵淑清, 2004. 东北地区阔叶红松林的群落结构及其物种多样性比较［J］. 生
　　物多样性, 12（1）：174-181.

席贻龙, 2008. 无脊椎动物学野外实习指导［M］. 合肥：安徽人民出版社.

肖迪, 王晓洁, 张凯, 等, 2015. 模拟氮沉降对五角枫幼苗生长的影响［J］. 北京林业大学学
　　报, 37（10）：50-57.

徐汝梅, 叶万辉, 2003. 生物入侵：理论与实践［M］, 北京：科学出版社.

薛富彤, 张文彤, 田晓燕, 2004. SAS 8.2统计应用教程［M］. 北京：希望电子出版社.

薛辉, 吴孝兵, 晏鹏, 2005. 微卫星标记在分子生态学中的应用及其位点的分离策略［J］. 应
　　用生态学报, 16（2）：385-389.

杨持, 2017. 生态学实验与实习［M］. 3版. 北京：高等教育出版社.

叶寅, 王苏燕, 田波, 1995. 核酸序列测定：实验室指南［M］. 北京：科学出版社.

叶振东, 贾恭惠, 1995. 毕业论文的撰写与答辩［M］. 杭州：浙江大学出版社.

尹海洁, 刘耳, 2003. 社会统计软件 SPSS for Windows 简明教程［M］. 北京：社会科学文献
　　出版社.

尹文英, 等, 1992. 中国亚热带土壤动物［M］. 北京：科学出版社.

余建英, 何旭宏, 2003. 数据统计分析与 SPSS 应用［M］. 北京：人民邮电出版社.

张宝成, 彭艳, 藏灵飞, 等, 2017. 喜旱莲子草对喀斯特三种不同生境的可塑性反应［J］. 广
　　西植物, 37（6）：702-706, 733.

张北壮, 蒙自宁, 2015. 生态学实验教程［M］. 广州：中山大学出版社.

张鸽香, 徐娇, 王国兵, 等, 2010. 南京城市公园绿地不同植被类型土壤呼吸的变化［J］. 生
　　态学杂志, 29（2）：274-280.

张清敏, 2005. 环境生物学实验技术［M］. 北京：化学工业出版社.

张太平, 2000. 分子标记及其在生态学中的应用［J］. 生态科学, 19（1）：51-58.

张维铭, 2003. 现代分子生物学实验手册［M］. 北京：科学出版社.

张文彤, 闫洁, 2004. SPSS 统计分析基础教程［M］. 北京：高等教育出版社.

张忠华, 胡刚, 倪健, 2010. 茂兰喀斯特森林群落种间的分离特征［J］. 生态学报, 30（9）：

2235-2245.

章家恩，2007. 生态学常用实验研究方法与技术 [M]. 北京：化学工业出版社.

章家恩，2012. 普通生态学实验指导 [M]. 北京：中国环境科学出版社.

赵连春，秦爱忠，赵成章，等，2020. 嘉峪关草湖湿地植物功能群组成及其性状对不同生境的响应 [J]. 生态学报，40（3）：822-833.

周东，刘国彬，2010. 林窗对子午岭天然辽东栎群落林下植物多样性的影响 [J]. 中国农学通报，26（22）：91-98.

周红敏，惠刚盈，赵中华，等，2009. 森林结构调查中最适样方面积和数量的研究 [J]. 林业科学研究，22（4）：482-495.

周长发，吕琳娜，屈彦福，等，2017. 基础生态学实验指导 [M]. 北京：科学出版社.

Baker A J，2000. Molecular method in ecology [M]. Oxford：Blackwell.

Borcard D，Gillet F，Legendre P，2014. 数量生态学：R 语言的应用 [M]. 赖江山，译. 北京：高等教育出版社.

Brower J E，Zar J H，Von Ende C N，1998. Field and laboratory methods for general ecology [M]. Boston：WCB McGraw-Hill.

Condit R，Ashton P S，Baker P，et al.，2000. Spatial patterns in the distribution of tropical tree species [J]. Science，288（5470）：1414-1418.

Cooke S J，Hinch S G，Wikelski M，et al.，2004. Biotelemetry：a mechanistic approach to ecology [J]. Trends in Ecology and Evolution，19（6）：334-343.

Dai X，Page B，Duffy K J，2006. Indicator value analysis as a group prediction technique in community classification [J]. South African Journal of Botany，72（4）：589-596.

Henderson P A，2003. Practical methods in ecology [M]. Oxford：Blackwell.

Hoelel A R，1998. Molecular genetic analysis of population：A practical approach [M]. 2nd ed. Oxford：Oxford University Press.

Kabacoff R I，2013. R 语言实战 [M]. 高涛，肖楠，陈钢，译. 北京：人民邮电出版社.

Kocurek V，Smutny V，Filova J，2009. Chlorophyll fluorescence as an instrument for the assessment of herbicide efficacy [J]. Cereal Research Communications，37（1）：289-292.

Schumacher J，Roscher C，2009. Differential effects of functional traits on aboveground biomass in semi-natural grasslands [J]. Oikos，118（11）：1659-1668.

Sutherland W J，1999. 生态学调查方法手册 [M]. 张金电，译. 北京：科学技术文献出版社.

Vellend M，2020. 生态群落理论 [M]. 张健，张昭臣，王宇卓，等，译. 北京：高等教育出版社.

Zar J H，2010. Biostatistical Analysis [M]. 5th ed. New Jersey：Prentice-Hall.